爱的力量

“荆楚最美家庭”故事汇

湖北省妇女联合会 主编

图书在版编目(CIP)数据

爱的力量:"荆楚最美家庭"故事汇/湖北省妇女联合会主编.—武汉:武汉大学出版社,2016.4(2018.12重印)
ISBN 978-7-307-17558-7

Ⅰ.爱… Ⅱ.湖… Ⅲ.家庭道德—精神文明建设—先进事迹—湖北省 Ⅳ.①B823.1 ②D649

中国版本图书馆CIP数据核字(2016)第021603号

责任编辑:郭 静 荣 虹　　责任校对:鄢春梅　　版式设计:韩闻锦

出版发行:**武汉大学出版社** (430072 武昌 珞珈山)
(电子邮件:cbs22@whu.edu.cn 网址:www.wdp.com.cn)
印刷:武汉中远印务有限公司
开本:880×1230 1/32　印张:6.375　字数:170千字
版次:2016年4月第1版　2018年12月第8次印刷
ISBN 978-7-307-17558-7　定价:20.00元

好美一个家

幸福的家庭常常都是相似的。最美的家庭常常也是这样。

上慈下孝，和谐美满，是中国传统家庭幸福的基本共性。无论每个家庭的具体情况如何，家庭的和谐完整，上慈下孝，总是一个基本的衡量标准。

这当然是不错的。我们的社会，确实也需要这样的标准，这样的追求。达到了这样的标准的家庭，自然是幸福的，同时，也是美满的。

但是，我不知道，在这样美好幸福的家庭中，有没有具体的经济指标？我想说的是，一个家庭的美丽与幸福，常常与这个家庭的经济状况、财富状况，甚至是不是完整，没有直接联系。或者说，与此无关。

回忆我自己的家庭与自己的成长，我至今觉得，我是幸福的，我的家庭，也都很温暖与幸福的。因为我小时就和慈祥的外婆一起生活，有一个无比疼爱我的母亲。在我的成长历程中，母亲教给了我善良与诚实，而让我记忆至今的，却是外婆的许多“家训”。

外婆当然是慈祥的。同时，也是不怒自威的。当我家的堂屋还没有隔成小房的时候，外婆常常在堂屋里敬菩萨。堂屋里设有神龛，外婆敬的是观世音菩萨。外婆跪在蒲团上敬香的时候，我们是不敢大声喧哗的。外婆说，菩萨什么事情都知道，包括我们心里想什么，菩萨都是知道的。于是，在我幼小的心灵里，我就对菩萨充满了敬畏。有时，我又爱胡思乱想。我想吃锅贴饺子，菩萨知道吗？我想吃洋糖发糕，菩萨知道吗？我想把弟弟的存钱罐偷走，去看“娃娃书”，就是“连环画”，菩萨知道吗？冬天的早晨，窗外下着大雪，我偎在被子里，听见小巷中传来甜甜的叫卖声：“洋糖——发——糕！”“洋糖——发——糕！”卖发糕的人将“洋糖”拖得特别的长，这甜甜的拖腔，一下就将我的口水给钩出来了。我就默默地想：菩萨保佑啊，叫我的外婆带洋糖发糕我吃啊。嗨，这一下还真灵，过了一会儿，外婆真的给我带回洋糖发糕了。啊，热腾腾的、白白胖胖的、松松软软的洋糖发糕啊。外婆像给雏鸟喂食一样，一口一口地喂我们吃发糕。外婆总是慈祥地笑着，像菩萨一样笑着。于是我就想，是菩萨变成了外婆呢，还是外婆变成了菩萨呢？

外婆十分爱干净，特别喜欢花儿。春天的时候，长街小巷中常常是回响着栀子花和茉莉花的叫卖声的。

杨圃　摄

“栀子花来——”

“茉莉花来——”

那是一个编着麻花辫子的小姑娘，乌黑的辫子上缠着红头绳，扎着一朵洁白的栀子花。她的右手挽着一个竹篮子，竹篮里摆着一排排的栀子花或者茉莉花。她的声音脆脆的，有时带着武汉周边汉阳县或者黄陂县农村的乡音。小巷是幽深幽深的，她的叫卖声挟带着花香，是飘飘缈缈的，是绵绵长长的。这时候，外婆就坐不住了。她叫了一声：“栀子花呃——”就迎着花香走去了。外婆喜欢栀子花和茉莉花，她常常把花儿用手绢包了起来，放在枕头边，挂在蚊帐的帐钩上，或者用清水养着，放在窗台上或者八仙桌上。于是，在江南的烟雨里，我们家里便散发着栀子花或茉莉花淡淡的清香。

20 世纪 50 年代的孩子，受到的家庭教育，多半是中国传统的教育。在这个没有父亲的家庭里，外婆便是家庭秩序的维护者。她经常用许多民间的俗语，作为她的“家训”。

譬如，外婆要求孩子们：“吃不言，睡不语。”吃饭的时候，上床睡觉以后，都要安静，不准说话。

又譬如，外婆要求孩子们：“不要拈回头筷子。”所谓“回头筷子”，就是吃饭拈菜的时候，每次只能拈一筷子，不能连续地拈，以免露出馋相。

又譬如，“站要有站相，坐要有坐相，睡要有睡相”。具体的标准，是“站如松，坐如钟，睡如弓”。

可是我生性活泼，性格外向，最不爱受约束。要我规规矩矩地坐着吃饭不说话，要我见到我喜欢吃的菜，每次只能拈一筷子，比什么都难受。于是，我就经常“犯规”，当然，就经常受到惩罚。那时，外公还在，惩罚的执行者，自然是外公。

但是，外公惩罚我的时候，妈妈常常会来求情，会来救我，我就大声哭喊，我对妈妈及时来救我十分有信心。

潘志宏　摄

当然，也有人对我的哭喊不以为然。外婆就认为我的哭喊水分太多，有做戏的嫌疑，一向疼爱我的外婆就会冷冷地吼道：“儿子伢，不准哭！”

“儿子伢，不准哭”，也算是我们家的一条“家训”吗？好像是专门为我制定的吧？

武汉人称男孩为“儿子伢”，女孩就叫“姑娘伢”。外婆看不惯“儿子伢”流泪，当然是因了中国传统文化中的“男儿有泪不轻流”，同时还与武汉的码头文化有着直接的联系。在男孩的教育中，十分注重男子汉品格的培养，也是码头文化的一个重要特点。

武汉人称男人叫“男将”，女人叫“女将”。虽然用军队里的“将”来形容“人”、取代“人”，已经有了火药味儿，但是，武汉人还嫌“男将”的力度不够，武汉人称真正的男子汉，为“汉子”。“男将”仅仅强调了一种性别，而“汉子”则强调了一种“品格”。在码头上，如果有人拍拍你的肩，说一声：“是条汉子！”那便是对你最大的认同，当然，也是给予一个男人最高的荣誉和奖赏。

因此，外婆从小就教育我：“儿子伢，不准哭！”

我的外公在新中国成立前就在码头上干活，我的外婆，则在码头上摆过针线摊，帮穷苦的码头工人缝补衣服，同时，卖自己做的鞋垫和鞋底。外婆常常跟我说起她在码头上做针线活的故事。她引以为自豪的，是经常帮助人家，而不要人家的钱。这样的一种侠义，这样的一种悲悯情怀，深深地浸润了我的童年。

在外婆的许多“家训”中，对我影响最大的，是她的一句口头禅：“不怕慢，只怕站。”

最开始，也许是让我体验到怎么去拉板车，不要着急，慢慢拉，坚持下去，总会到达目的地的。因为我在码头上拉车挣钱买书的时候，只有9岁。那时，我想买下《钢铁是怎样炼成的》，便下决心像码头上的小伙伴那样，去帮人家拉板车。第一次拉车的经历对于我来说是刻骨铭心的。那是一个酷热的夏天，被称为中国的“火炉城市”的武汉，酷夏的温度往往高达摄氏40多度。临江的柏油马路被晒成了柔软的面团，而我就是在这样的夏天，开始了我的拉车生涯。

我拿着一根带铁钩的麻绳，站在码头的出口。小伙伴们一个个都被雇走了，唯独剩下了我一个人。正当我失望的时候，一个佝偻着腰的老头向我招了招手。

我就这样用一根麻绳拉着小山一样的板车，走进了火一样的炎热之中。那时我9岁，瘦骨伶仃的，打着赤膊，穿一条短裤。天气太热，老头太弱，而我又太小，板车就是走不动。我拉车的麻绳，是没有经过处理的，在肩头一拉一扯，肩头就磨破了皮，汗水一浸，火辣辣的疼。从汉口的第13码头到江汉关，乘公交车只有两站路的距离。而我那时好像经历了一次最最漫长的长征。肩头磨破了，脚上烫起泡了，浑身上下汗水淋淋，真的好想歇口气，或者干脆不拉了。就在这时，我想起了外婆说的“不怕慢，只怕站”，便咬牙坚持着，一步一步地慢慢往前走，终于到达了江汉关。

我的劳动，换来了5分钱。那是我第一次用自己的汗水挣来的钱。外婆的家训，不仅激励我坚持了一个夏天，买到了《钢铁是怎样炼成的》，更重要的是，从此让我记住了，要像一个真正的男子汉那样活着，就必须要有坚韧不拔的意志与精神。外婆朴素的家训，成为我生命的支撑点，成为我在逆境和磨难中顽强掘进的动力，还激励我舍弃了许许多多的东西，选择了清贫而寂寞的写作生涯，尤其是儿童文学的写作。

一个幸福的家庭，一个美好的家庭，一定是具有内在的精神内核的。物质的因素固然重要，但是，精神的因素，精神的内核，却是最重要的。毛泽东主席曾经说过，人是要有一点精神的；而一个家庭，非常重要的，也是需要一点精神的。而一个家庭真正的家训，不在高深典雅的经典，而在朴素如泥土的民间。

祝福所有幸福与美好的家庭。你们的故事，必将激励鼓舞无数的家庭，去建设美好的明天。

董宏猷

2015 年 12 月 2 日

目录

傅平　摄

恩施　谭立祥

平凡之家幸福路

恩施州利川市都亭办事处龙潭村村民谭立祥今年72岁，老伴牟来珍今年73岁，两位老人膝下共有两男三女，都在身边安了家。如今，这个共有19名家庭成员、四世同堂的大家庭共居一个村，同吃一锅饭，和睦友邻、其乐融融。一家人用自己的实际行动诠释了文明和谐家庭的深刻内涵，让平凡之家绽放出了最美丽的幸福之花。

相濡以沫五十载

这是一对相濡以沫的老夫妻。古稀老人逾金婚，50年里兑现着“执子之手，与子偕老”的无声誓言。

这是一个相亲相爱的大家庭。四世同堂传家训，半个世纪演绎着“孝老爱亲，与邻和睦”的传统美德。

“吃得亏，待得人，不计较。”说起谭立祥一家，隔壁的秦贵云老人伸出了大拇指，“我们做了53年的邻居，从没争过嘴、吵过架。”

“我自己去，你在家休息。”5月4日一大早，天空放晴，下了近半个月的春雨终于偃旗息鼓，闷在家里的牟来珍相约戏友去广场清清嗓子、活动筋骨，她因担心谭老患病的身体，想一个人去。

“快，上车，我送你去。”谭立祥把电瓶车停在了大门口，催促着老伴牟来珍，执意要骑车送她去文化活动广场。牟来珍热爱文艺，组建了龙潭村第一支老年腰鼓队。2011 年，他们还登上了央视舞台。

“半天都离不得啊!”两人相持不下，牟来珍最终妥协，打趣地说。

骑车送老伴唱戏，谭立祥坚持十余年，即便是在他因食道癌做过三次化疗后，也不曾间断。从起初的单车再到三轮车，锈迹斑斑的自行车摆放在杂物间里，记录着谭老接送老伴的故事。打腰鼓要起早，冬天为了不让老伴冻着，谭立祥 6 点多就起床，为牟来珍准备一盆炭火放在三轮车上，然后再骑车送她到广场上。天气严寒，谭立祥手都冻僵了，但老伴暖和了，他打心底里高兴。去年，谭老又换了新车。“人老了，踩不动了，电瓶车省力些。”谭老说。

谈起年轻时候的故事，两位老人都不愿意开口，只因没能让对方摆脱清贫。“1958 年，农村的日子相当清苦，每个月每人才 2 两油。老伴为让我多沾点油水，她用自己省下的口粮换成菜油，给我炸洋芋吃改善生活。”谭老重温昔日的感动。

婚后，谭立祥在县城木漆社上班，因工作量大，开工早，谭立祥天还没亮就要出门。妻子牟来珍心疼谭立祥早出晚归，也早起为丈夫做饭，直到怀上小孩。对怀孕的妻子，谭立祥更是照料有加，特别是在冬天。“老谭出门早，我想起床给他做早饭，让他多睡会儿，他死活不让。”牟来珍说，“他非但不让，临走前还烧盆火放到我床前，生怕我冻着。”

相濡以沫的岁月，一晃就是 50 年。2013 年，谭立祥被诊断为食道癌，手脚经常是冰冷的，老伴儿牟来珍就每天烧热水给他暖手暖脚，“看到他手脚都没得一丝血色，心里特别难受。别的我也帮不上忙，唯有给他暖暖手烫烫脚，让他舒服一点。”在谭立祥住院期间，老伴一直陪在身边，悉心照顾他，尽管他的手脚活动自如，牟来珍还是坚持喂稀饭、剥水果给他吃；为给他解闷，牟来珍经常陪他聊天，给他捶背、洗脚，温馨的场面令护士感叹不已：“两个老人亲密的样子，像年轻人在谈恋爱!”

詹长久　摄

孝老慈幼传美德

“孝老亲邻、吃亏是福”是谭家从祖上传下来的家训。谭立祥夫妇恪守家训，侍奉双亲尽心竭力，与人相处宽容退让，几十年来从没跟邻居红过脸。在老人的言传身教的影响下，子女们孝敬老人、兄妹友爱，从无矛盾纠纷。

“记忆最深刻的，还是逢年过节接爷爷、奶奶下来吃饭。”谭家大女儿谭绍凤说，“清明、月半、中秋、春节，特别是老年的生日，最隆重。”谭绍凤是家中长女，常常跟在父亲身边，记忆深刻。

20 世纪 60 年代，在缺衣少食的农村，杀只鸡也算过大年。“谁都想吃鸡腿，但鸡腿是孝敬爷爷奶奶的，这是规矩，年年如是。”谭绍凤说。

“生活再困难，不能忘父母。”谭老立下的这个规矩一直延续到父母过世。此后，鸡腿又孝敬给谭立祥的二哥谭立新。这规矩一坚持，又是十几年。

跟着父亲的脚步，五姊妹都反复走过。父母的亲力亲为，让五姊妹在耳濡目染间传承着孝道。先给“大祖祖、小祖祖”吃，如今，就连谭绍凤刚满三岁的孙子也懂得，有好吃的要先给长辈。

对父母孝顺，对子女则严格要求。“只能做好事，不能做坏事!”谭立祥和老伴常教导晚辈要遵纪守法，懂得宽容，遇事总是能体谅对方，不为蝇头小利斤斤计较。二女儿考上大学后，谭立祥专门叫女儿学习收割稻谷，磨练意志。他经常教导儿女们要艰苦朴素，吃饭的时候碗里不准剩饭，在穿着打扮上，只求大方得体，不准女儿们浓妆艳抹，如今5个子女都已成家立业，在勤俭持家、孝敬老人、团结邻里、遵纪守法方面受到村民的称赞。

早些年，土地改制，女婿下岗，二女儿一家三口上无片瓦，下无寸土，谭立祥拿出二分地给二女家盖房子，俗话说“嫁出门的女，泼出去的水”，按当地风俗，已经出嫁的女儿不能再从娘家拿走东西，不然容易与娘家的兄嫂产生矛盾，可谭家没有出现这样的事，两个弟弟和弟媳没有说过半个“不”字。去年，三女儿和小儿子合伙开了一家农家乐，谭立祥把房子腾出来给农家乐当餐厅，其他子女不但没有意见，反而很支持，没有一个人说过房产的事情。大女儿谭绍凤说，房子是老人的，大家都不会去争，开农家乐，勤劳致富

潘志宏　摄

应该支持，农家乐缺乏资金，兄弟姐妹都帮着东拼西凑，在外打工的谭绍凤专程回家帮忙，农家乐缺人手的时候，兄弟姐妹又主动当起了免费“小工”，洗菜切菜，收拾餐厅……只要有时间，他们都会到农家乐来帮忙。兄弟齐心，其利断金，在兄弟姐妹的帮助下，农家乐的生意兴隆，客源不断。

牟来珍去打腰鼓之前，每天早上，小儿媳吴春菊会给她准备热腾腾的早餐，数年如一日。吴春菊没睡过懒觉，给公公婆婆洗衣、收拾房间样样不落，“我的儿媳真的很孝顺!”谭立祥经常夸赞吴春菊。

每年谭家最热闹的时候是父母生日那天，无论有多忙，5个子女都一定会到场，给父母献上一场精心准备的晚会，几十年来未曾间断。去年，牟来珍的生日，儿女们都聚在家里，为老人举办了一场别样的生日晚会，每人为她唱了一首表达感恩父母的歌曲，“世上只有妈妈好……”儿女们用耳熟能详的歌声诉说着对母亲的感谢，歌声中老人几度流泪。尽管已经70多岁了，老俩口像孩子一样与儿女们打起了蛋糕仗，“那天我像个大花猫。”谭立祥说，儿女们的心意让他和老伴高兴得一夜睡不着觉。

早些年在农村，村民之间为争土地的边边角角常发生争执和冲突，而谭家从未与村民发生过类似的纠纷，老人常说：“争再多也不能带到土包(坟墓)里去。”“他们一家待得人，做了不少的善事，叶爱平，瞿唯诚……”年过85岁高龄的肖金兰细数着被谭老帮助过的人，“特别是瞿唯诚，不是他们帮忙，怕是要打一辈子光棍。”

瞿唯诚，是村里的困难户，家徒四壁，一贫如洗，父母离世时他还未成家。牟来珍一直惦记着，忙着四处打探，帮他张罗对象，就连上街卖菜时也不忘向身旁的人打听。一次偶然的机会，牟来珍得知邻村的吴光香，年龄相仿、条件相符，也未成家。通过牟来珍牵线搭桥，双方谈得欢快，谈婚论嫁的时候，身无分文的瞿唯诚却犯了难。他找到牟来珍，谭立祥夫妇俩又忙着帮他张罗婚礼。借钱、买肉、下聘礼，他们像操办自家儿子的婚礼一样。

刘能任　摄

婚礼过后，瞿唯诚十分感激，准备按当地规矩送猪头肉，行谢媒礼，牟来珍婉言拒绝："你们家才刚刚起步，以后日子还长。"

孝老睦邻的家风，感动着近邻，更是花香墙外，还引来一群义子义女。利川市非遗传承馆的演员王树风，便是其中之一。他当初因文艺与谭家结缘，在长期的接触中，被谭家和睦友爱的家庭氛围所吸引感染。他说："家风纯正，代代相承。每回来一次，就会感动一次，就会受教育一次。在这个家庭里，你能够感受到什么是真正的亲情，能学会怎样与人和睦相处，我喜欢这样的家庭氛围，我非常想加入这个家庭。"已为人父的王树风，时常带着儿子感受这份浓厚的家庭氛围。像王树风这样的异姓兄弟姐妹，一共有5个。

守卫清江源

谭立祥还是利川非物质文化遗产的传承人，他从小继承家传，在从事竹编技艺的基础上独创草编艺术，60余年来他以稻草和竹篾为材料，编扎的十二生肖、草把龙、草凳、背篓、斗笠、蓑衣、背椅等造型美观，颇具特色。谭立祥编扎的动物形态生动，栩栩如生，编扎的用品精致漂亮，经济适用。2010年6月，谭立祥一家祖孙三代9人被邀请到中央电视台《欢乐一家亲》栏目进行了才艺表演，现场演唱了利川民歌，还展示了草把龙草编及竹编技艺，深受好评。正因为祖辈都住在清江边上，谭立祥的手艺和清江文化有血脉联系，所以谭立祥一家人对清江河有着难以割舍的感情。

谭立祥夫妇对清江的爱在这一带是出了名的。谭立祥每天都和老伴一起清理清江岸边的垃圾。平时只要看见有人随手往清江里扔垃圾，谭立祥就会上前制止。前些日子，孙子小宝也加入了爷爷奶奶的行列，谭立祥夫妇每天都牵着孙子一起去清江边捡拾垃圾。“这几年恩施也在发展，但是人们对自然的反哺之情越来越弱，只看重眼前利益。污水厂、造纸厂都是直接把废水排进清江的。要知道，十年前的清江水，清得能看到鱼啊。”谭立祥无奈地说道。

“爷爷，那还有，不然垃圾就流下游去了!”一旁的小宝提醒着谭立祥。这一年来，谭立祥的健康每况愈下，老伴牟来珍担心谭立祥太累，就把谭立祥捡拾的垃圾都装在自己的垃圾袋里，催促谭立祥带着孙子先回家休息。

2015年暑假，谭立祥的病情进一步恶化，癌细胞已经扩散到淋巴系统，谭立祥必须每天在医院里打针治疗，孙子小宝每次都会陪着爷爷奶奶一起去医院。牟来珍在一楼办理治疗手续的时候，小宝就会守在谭立祥的身边。

“哪怕明天就是我生命中的最后一天，我依然会选择再来这一片流域捡拾垃圾。”谭立祥说，“最近身体是真的不行了，或许真的没有太多时间再和老伴去清江捡拾垃圾了。”母亲河清江的生态环境始终是谭立祥最放不下的心事。“再熬一段日子吧，如果我真的倒下了，还有我老伴，万一我老伴也倒下了，还有我孙子小宝呢。”

村里人给谭立祥一家取了个名字——清江保护卫士。在他们一家人的带动下，村里人也加入保护清江的队伍中来，环境保护意识逐渐提高，流经龙潭村的清江水越来越清亮。

忠孝传家远，友善济世长。谭立祥家是一个平凡的大家庭，但他们一代一代传承着孝老睦邻的传统美德，是盛开在平凡家庭的幸福之花。

陈尚萍　摄

武汉　方俊明

英雄无悔那一跃

方俊明56岁，原武昌车辆厂车工。1985年8月26日他因救一小男孩恶作剧“落水”而导致中枢神经受损瘫痪。方俊明2013年被评为“武汉市见义勇为先进分子”；2014年被评为CCTV“感动中国2013年度十大人物”。

方俊明，一名普通的武汉市民，在56年的人生中经历了一次又一次的跌宕起伏。他饱受委屈，却无怨无悔，是因为那宽宏大量的胸怀，理解包容别人的态度，默默经历病痛的艰辛，奋发不息的顽强。

英雄无悔

在众多“感动中国”人物的简历中，方俊明的书面材料恐怕是最简单的——1985年救顽童致高位截瘫，2013年获得武汉市“见义勇为”的荣誉称号。在这迟到28年的荣誉背后，是一个人的从青年到中年的岁月历程，是一个人的肢体从健全到重度残疾的痛苦经历，是一个家庭从美满到破碎的煎熬，是一个年迈的母亲独自照顾瘫痪卧床的儿子和养育孙女的故事。

1985年，方俊明是铁道部武昌车辆厂机械车间的一名普通车工。那年他28岁，有一个才11个月大的女儿，工作稳定，家庭幸福。

詹长久 摄

那年的 8 月 26 日下午，他和同伴孙汉明、李元红一起到武汉东湖游泳归来，骑车至东湖九女墩附近，突然听到有人喊救命。他什么都没想，扔下自行车，一个腾跃就跳进湖水里。哪知道，湖水太浅，他的头撞到了水底的石头上。

当时的情景，方俊明仍然记得清晰：“我们看到大概 30 米外，有个孩子模样的人在水里上下挣扎，我一下冲了过去。当时我就想着尽快救人，其他什么都没来得及想，在湖水里猛地就扎了下去。谁知道湖水很浅，头撞到水底的石头上，当时人就像煮熟的面条一样，整个软了，一下就没了知觉。”

事后经医生诊断，方俊明颈椎骨骨折，导致全身高位截瘫，从此他再也无法站立和生活自理。

更让人意外的是，他准备去救的人——一个年仅 12 岁的小孩胡立功(化名)，当时并非真的遇到危险，他在这个还没到自己胸口的浅水洼里假装溺水是为了逗弄岸上的妹妹，直到方俊明跳入水中，他甚至也不知道他是来“救”自己的。这个致命的玩笑，改变了方俊明的人生轨迹。

而等方俊明知道这个哭笑不得的原委时，他已在医院昏迷了5个月，这时，家中的一切都变了样：妻子离家出走，父亲查出淋巴癌不久后病故，全家人的生活全靠母亲姜春梅照顾。方俊明见义勇为致残后，武汉车辆厂找到了“落水儿童”、喊“救命”的胡立功——东湖渔场一名职工的孩子。他们父子也曾去医院看过方俊明，但他们在医院中见到了高位截瘫的方俊明可能终生躺在床上，或许他们是害怕将一辈子背上包袱，而拒绝承认方俊明是为了救人而致残。亲友主张方俊明到孩子家里讨个说法，方俊明却始终不肯。“小孩当时年纪小，不会是有意要害谁，只怪自己当时太心急，没考虑周全，要是慢慢蹚水下去，就不会出事。”凭借两名同伴孙汉明与李元红出具的证明，方俊明所在单位武昌车辆厂比照工伤待遇，从1985年9月开始发基本工资38元，护理费51元。

转到康复医院后，方俊明每天扎针治疗，却没有好转的迹象。他接受不了现实，甚至想到了死。可死亡对于一个高位截瘫的病人而言，是多么困难的一件事。在医院里，他趁没人，挣扎着从床上翻到地上，想摔死自己。可床那么矮，怎么摔得死呢？想死都死不了。母亲苦心劝导他，看着年幼的女儿和年迈的母亲，方俊明放弃了轻生的念头，“母亲的坚强与乐观，感染我一定要坚持下去”。

方俊明说：“这个过程很痛苦。一个字，熬；熬着熬着就好了。没有亲身经历的人，很难体会其中的苦。我感觉过了两年多，才慢慢适应了。”

乐观的信念支撑着困苦的生活，在瘫痪十年以后，方俊明原所在车间的同事来看望他，他看到了这样的一幕——“走进这个家里我流泪了，在这个十分简陋的房间里，我看见了蜷缩在床上的方俊明，头发盖着他消瘦的脸，他的双手已经成了爪状，双腿萎缩得像是十岁的儿童。我问他这十年是怎么过来的，他捋起袖子，我看到他右肘一块鸡蛋大的暗褐色的硬茧，十年来他就是依靠这点力量，才能勉强支撑起头部的。”

冬去春来，方俊明的四肢仅左手能活动，他常常强忍剧痛，刻意锻炼自己左手，安排生活起居的个人模式。生活如此艰辛，方俊明仍心胸坦荡、开朗、知足，这么多年来他对政府、对社会从没有什么要求，对当年的肇事者没有一点点抱怨，当人们询问他当年的事迹时，他总是淡淡一笑说：“都过去了，没有什么说的，也没有什么怨恨。”他还说：“我瘫了，我认了；我救人，我心理踏实。”

母爱无边

29 年来，方俊明全靠 84 岁的瘦弱母亲姜春梅安排生活起居。

出意外后，姜春梅每天帮方俊明刷牙、洗脸、穿衣；每两个小时给他翻身，为搬动儿子，身高仅 1.5 米的姜春梅学扎马步；方俊明大小便失禁，母亲每天数次给他换洗；经济拮据，姜春梅还得钓龙虾、摸螺蛳、挖花生补贴家用。“母亲对我从未抱怨过，更未放弃过，她教我懂得，即使恨上一亿次或十亿次，现实都不会改变，还不如主动接受、融入新的生活。”

数十年来，姜春梅靠捡破烂贴补家用，靠坚强的爱养育儿孙。如果没有她的细心照料，方俊明不会有今天的模样，他的女儿也不会健康成长。姜春梅说：“开始十多年，我几乎没有出过门，俊明却没有得过褥疮，也没患过其他的疾病，我每天要坚持将 70 多公斤的方俊明挪腾好几遍，若是出门的话，要将一根布带拴住方俊明无知觉的双腿，然后一手揽住儿子的腰，一手提起儿子双腿上的布带，半抱半提把儿子轻放在床边的轮椅上，穿上鞋子，挪好位置才可出门，上床时同样重复上面的动作，不厌其烦，与此同时，我还要细心抚养方俊明年幼的女儿，每天很忙，日子蛮艰辛，可我挺过来了。”

从 1985 年出意外至今，29 年间，方俊明只能依靠母亲的照顾。不到 40 公斤、身高 1.5 米的姜春梅，每天把 70 多公斤、身高 1.66

米的方俊明，从床上抱到轮椅上，再从轮椅抱到床上。1 万多个日日夜夜，反复 4 万多次，姜春梅也从 55 岁抱到了 83 岁。过去姜春梅可以把儿子直接从床上抱到轮椅中，现在抱不动了，她只能一手揽住儿子的腰，一手抓住儿子腿上拴的绳子，半抱半提把他放进轮椅。将方俊明抱到轮椅上了以后，姜春梅要喘好长时间的气才能缓过来。

从青丝到白发，无边母爱，方俊明倍感家的温暖。

女儿无愧

爸爸“出事”时，小丽玲刚刚一岁。3 岁时，女儿离开妈妈回到爸爸身边。

在方俊明心中，女儿是他生命的阳光，而他却不是一个称职的父亲。“女儿的成长过程中，我没有能力带她去过一次公园，没有陪她看过一场电影，没有给她买过一件衣服，她穿的衣服都是靠别人接济，从没去过餐馆就餐。”

父亲的境遇让方丽玲从小就比同龄的孩子更加坚强，更加懂事。她曾多次被评为省市三好学生，还获得过武汉市十佳少年的殊荣。

大悲无泪。对于方丽玲来说，父亲的事在她 29 年的生活中，都有挥之不尽的伤痛和无奈。她一度不理解爸爸的行为，1995 年，小学五年级的方丽玲在一篇作文中透露了父亲当年的义举，不满 10 岁的方丽玲说：“爸爸出事后，妈妈出走了，爷爷也走了，爸爸自己瘫在床上，我感觉爸爸真的好傻。”长大后，方丽玲渐渐理解了父亲。方丽玲说，家人都没有怨言，只有相互扶持和照顾，“爸爸的开朗对我影响很大”，现在她承担起照顾爸爸的责任。爸爸的吃喝拉撒，把爸爸搬上搬下，她和奶奶一起完成。29 岁的她至今没有男朋友，她也渴望成一个家，希望对方能和她一起照顾爸爸。

大学毕业后，有好心人曾经要帮方丽玲在外地找个薪水更高一点的工作。但方丽玲不想离爸爸太远，就婉拒了。方丽玲在社区拿每月1400元的工资。她一直没有谈朋友，说起以后的打算也很冷静，“爸爸始终是我的一个牵挂，做任何事我都要以他为优先”。

方丽玲的闺房是以前家里的厨房改造而成的。推开房门，狭小而阴暗，仅摆了一张床。方丽玲却说：“我们现在挺好的，没太大的遗憾。就是希望医学能发展到让像我爸爸这样的患者恢复一点机能，至少让他十个手指能动。”

不是结尾的结尾

10年后。1995年3月5日“学雷锋纪念日”，方俊明原所在车间来了几名共青团员，慰问他这个残疾青年，武昌车辆厂厂报作了报道。厂报记者是个热心人，又给武汉晚报社报了料。3月15日，《武汉晚报》以《十年卧床心不倒　仍是顶天立地人》为题，图文并茂地对方俊明的故事首次做详细报道，在武汉三镇引起强烈反响。

叶萍　摄

读者来信、捐款络绎不绝，社会各界十分关心和感动。武汉晚报社的记者几经周折，找到了当年喊“救命”的小孩胡立功的家。那时，22 岁的胡立功已是一名大学生。读完《武汉晚报》的报道，他羞愧难当，与父亲一道满怀忐忑来到方俊明家，表达了自己的忏悔。

1996 年，陕西著名剧作家霍秉全根据报道将方俊明的事迹写成话剧《又一个黎明》，由陕西省人民艺术剧院排演，在中央戏剧学院实验剧场演出后，引起轰动。后话剧又在西安等地演出 100 多场。《又一个黎明》先后获得了第十七届田汉戏剧文学奖一等奖、五个一工程奖、曹禺戏剧奖剧本奖等多项大奖。2013 年 5 月，话剧又被改编，并在湖北上演。通过话剧，武汉市见义勇为基金会了解了方俊明的事迹，2013 年 10 月，方俊明终于领到了一张由武汉市政府签发的“见义勇为”证书，还奖励了 3 万元。

28 年后，胡立功再次走进方家，第一次见到方俊明的女儿方丽玲时，小方却张开双臂，给了他一个紧紧的拥抱……方丽玲出乎意料地轻声说：“莫想太多了，我们原谅你了。”

40 出头的胡立功身材不高，脸色黝黑，在一家游船公司当驾驶员。

胡立功坐到床边，握着方俊明的手，久久没有松开。“昨晚我跟儿子看《新闻联播》了(当晚《新闻联播》播出了报道《方俊明：迟来 28 年的荣誉》——编者注)。”胡立功说，“我告诉他，‘当年那个惹祸的伢就是我，你千万不能再顽皮了，要好好学习’。”

听说小胡的儿子 12 岁，方俊明笑着说：“跟你当年那个年纪差不多，你现在当爸爸了，学会承担责任了。”

下午天气好，方俊明想出门晒太阳。姜春梅帮他穿好衣服后，方丽玲想帮奶奶把父亲抱上轮椅，胡立功上前说：“让我来吧。”

依照姜春梅教的方法，胡立功把方俊明抱上电动轮椅，又跟着他一起到院子里边走边聊。

宜昌　罗必炎

两代传承正气歌

在远安县旧县镇鹿苑村，有这样一个普通的大家庭，祖孙三代人，三代男人是上门女婿；过世的爷爷和80多岁的老奶奶，和女儿女婿没有血缘关系，却相扶相依，相敬如宾，日子过得红红火火，快快乐乐，让邻里周边的人交口称赞。

这三代上门女婿：第一代叫杨绍淑，1923年生；第二代叫罗必炎，1951年生；第三代叫王永东，1972年生。

8位老人8个姓

“鹿苑有个罗必炎，上下三代倒插门；家庭和睦谁不夸，成为榜样传佳话。”在湖北省远安县旧县镇鹿苑村，村民常拿这首歌谣来教育子女和身边的人：要孝敬老人，形成良好家风。64岁的罗必炎，用一生传承着“孝父母，爱儿女，做善事”的家风，撑起了一个让人交口称赞的四世同堂之家。

见到孝子罗必炎，他给记者列了一份其长辈名单：生父罗家新，生母温义秀；继父刘维杰，继母黎兰秀；岳父姜圣金，岳母汪学秀；养岳父向性凯，养岳母杨绍慧。

8位老人8个姓，罗必炎将他的身世一一道来——

农历一九五一年六月二十，罗必炎在鹿苑村呱呱坠地，次年正

叶萍　摄

月，亲生父母在他不到半岁的时候，放弃了包办的婚姻。随后，罗必炎虽跟着父亲生活，但由于生父生母不久后都再婚、生子，他由奶奶抚养长大，“百善孝为先”的家训在罗必炎心中烙下了深深的印记。

罗必炎当过生产队会计、队长，曾是县科技人才、劳动模范。

杨先翠，本名姜先桃。由于20世纪50年代生活困苦，她成为向性凯、杨绍慧夫妇的唯一养女。她曾是县第三届妇女代表，还是县里有名的黄茶采摘能手。

也许是因为他俩相似的身世而相互怜惜，罗必炎、杨先翠在劳动中相知相恋相爱，1970年走进婚姻殿堂。花烛之夜他们共同约定：孝老爱亲，终生不悔！

诺言在平凡中坚守。

2007年底，养岳父向性凯（因倒插门女婿改名杨绍淑）突然生病了，肚子疼得在床上打滚，一连几天解不了大便。懂点医术的罗必炎以为他得了便秘，先采用土办法，将肥皂削尖了插进肛门里去引导，不见效，又跑到村卫生室里买了几盒开塞露，插入肛门挤进药剂后，用手指头一点点地掏，才让老人家通了便。

大便通了，病情并未好转，看到养岳父痛苦的模样，罗必炎将养岳父送到县医院治疗，有人劝他："你已经尽孝了，更何况又不是亲爹，何必花这个冤枉钱啊?"罗必炎听后很不是滋味："他和妈将先翠抚养长大，就是我老罗的亲爹亲妈。"他不听劝阻，依然把老人家送到县医院，找最好的医生诊治。

在医院，罗必炎每天喂水喂药，端屎端尿，老人睡了几个月，身上没有一个褥疮。邻床的病人羡慕说："你养了个好儿子，真有福气。"养岳父说："这是我女婿，比亲儿子还亲。"

罗必炎告诉邻床的人，谁都有老的时候，老人病了，理应好好照顾，这是天经地义的事，要对得起自己的良心。

2008 年正月，杨绍淑突然不能吃饭了，稀饭也咽不下去，罗必炎慌了，迅速将老人送到当地卫生院，经过拍片检查和诊断，才知道老人的肺部长了肿瘤，已经到了晚期。因为检查的两位医生跟罗必炎比较熟，罗必炎就直接问起治疗办法，其中一位李医生就告诉他，老人是癌症晚期，只能做手术，但老人已经 84 岁，不能保证他能下手术台。后来，杨绍淑得知自己要做手术，死活也不在医院待了，趁中午送饭的时间跑了几次，罗必炎没办法，只好让养岳父在卫生院打了一个多星期的消炎针，把他送回家，请医生上门做保守治疗，每天热八宝粥和牛奶给老人家吃。两个月后，杨绍淑忽然不吃不喝了，罗必炎连夜到镇上请医生为他治疗，等医生一走，老人就把吊针拔了，不停地向罗必炎摆手。临终前他拉着罗必炎的手说："我为了躲壮丁到杨家做了上门女婿，没想到你和先翠对我比亲生儿女还要好，我这辈子没有遗憾!"当晚，杨绍淑就离开了人世。

跪在养岳父灵前，罗必炎含着泪水自责："要是我强行把他送到宜昌去做手术，也许能多活一段时间。”

“父亲本名叫向性恺，他有一个哥哥，1944 年国民党抓壮丁‘两丁抽一’时到母亲家上了门，当时母亲还在读书。我是他们的养女。我和老罗是自由恋爱。在他出生不到二百天，他的父母就离婚了。我们家的环境他蛮清楚，当时父母要他到我们家上门，他二话没说就答应了。在家里我现在就是做做饭，像个闲人。”罗必炎的妻子杨先翠说。

养岳父给罗必炎最大的感受就是善良、实在。在 20 世纪六七十年代，靠挣工分生活的那个年代，他每天都要到地里干农活，在栽秧时节不管拿多少工分，杨绍淑总是有一句口头禅：耕田耕上边、够个娃子添，耕田耕上堤、够个娃子吃。他耕田，养岳母总是在旁边搱田边，虽然过得苦，苦中也有乐。

细心照料养岳父，只是罗必炎孝敬 8 位老人的一个故事。如今，已有 7 位去世，都得到罗必炎的照料并“送上山”(安葬)。村民汪孝顺感叹地说：“我名字叫孝顺，和罗必炎比，孝敬老人我还是差一截!”

平凡的爱心传递

走进罗必炎的家，“忠厚传家远、家和万事兴”的条幅格外引人注目。

罗必炎有 5 个女儿，邻居们羡慕地誉为“五朵金花”。问及他对女儿的教育，他说：行动示范、勤能补拙。

“必炎对娃子们太严了，对我这个爱疼孙子的老太婆也‘管’得紧。”养岳母杨绍慧声音洪亮地说。

俗话说，爹妈疼的断肠儿。小女儿罗金梅说，五岁时她随手摘了路边的一个桃子。罗必炎知道后，就找了块竹片让罗金梅自己打手心一百下，还叫来金梅的妈妈和奶奶在旁边看着打并记数。“家教不严，只会害了她们。”如今罗必炎的五个女儿，都继承了严格的家风，她们说：“父亲是把对我们五姊妹的慈爱蕴含在严厉教育中的！”

罗必炎对女儿严，对四女婿王永东却有点“特殊”。王永东对自己“抠门”在鹿苑村是出了名的。2000年，他到罗家上门的“陪嫁”就是一辆嘉陵125。三年后，摩托车经常坏，罗必炎说他出2000元，给女婿换一辆新的摩托车，王永东保持沉默。直到2005年，罗必炎实在看不过去，瞒着王永东给他购买了一辆铃木125，王永东才换了摩托车。“买铃木的钱，当天永东就给了我，他勤劳得让我心疼，他对我女儿的关心也让我敬佩。”

王永东开了炒茶厂，每年三四月，都要忙到凌晨三点钟，早上六点钟还要去帮助罗必炎和妻子罗玲收陪护床。“永东在这方面跟我爸爸一样就是倔，我干活他要陪我，我上街他也要陪我等我，好像我是个三岁小孩，有时候真有点烦他。”罗玲笑着说。

“永东质朴、勤劳、孝顺，这点接了我的代。”罗必炎说。

手工炒茶厂，每年出新茶的时候，往往整夜不能睡觉。“茶叶还没完全收完，就要收油菜，收麦子。麦子、油菜一收完，马上就要用拖拉机耕田。耕田的时候也是抢水的时候，晚上也要耕。”说起自己的这个“儿子”，罗必炎既自豪，又是心疼。

天有不测风云。2014年2月22日，43岁的王永东因患先天性小脑海绵状血管瘤，住进了宜昌市中心医院。罗必炎没日没夜地守候在王永东的病床前。

正是春耕农忙时节，陪护的几个女婿以“家里农活正忙，这里有我们”为借口，把罗必炎劝回家。

整田、下秧，夏收、采茶……时刻牵挂王永东的罗必炎每天打电话询问病情，夜晚隔三差五地包车到医院探望，还联系到武汉、上海的相关专家，并表示：“只要能治好‘儿子’的病，砸锅卖铁我也愿意！”

老天有眼，王永东在医院经过两次手术，于4月28日出院。从死亡线上回家的王永东抱着瘦了一大圈的罗必炎号啕大哭：“爸爸的爱，我会记一辈子的！”

家是最小国，国是千万家

罗必炎说，岳父、自己、王永东是一家三代“倒插门”的女婿，“孝老爱亲是家庭和睦的主旋律”！

农村里有句老话：上门当女婿，两头受夹板气。罗必炎不这么看，他把“夹板气”改为“器重”，上门女婿是家里的顶梁柱，理解这份器重，就能宽容看待所谓的夹板气，“把丈母娘当娘看，事情就好办了”。

罗必炎家有个传统，无论尊幼，每个人的生日是大家欢聚的日子，能回家的一定要回家，蛋糕、美食、祝福的话语从来都不会“缺席”，欢声谈笑间，感情进一步浓厚。

2013 年 9 月的一天，是罗必炎最牵挂、在广东打工的三女儿罗晓芬的生日，罗必炎拿起自己的手机，在女儿群中发了一条短信：“祝晓芬生日快乐，今生我未把你们姊妹养育好，感觉非常内疚。倘若来生有缘，我再加倍补偿你们……”

罗晓芬收到信息，激动得不知如何回复，求助小妹罗金梅。罗金梅代表大家这样回复：“谢谢爸爸，您已经做得很好了。我们一定牢记家训，踏实本分，勤劳持家。下辈子有缘，我们还做你的闺女！”

每到节假日，女儿女婿总会带着孩子回到家里，看望老人，交流亲情。罗必炎说：“一家四代人相聚，不摆两桌搞不成。”四世同堂，和和美美，皆因家风纯正！

老伴杨先翠讲，和罗必炎结婚后，她心中始终有个解不开的结：为什么兄妹 5 个父母独独把我送给人当养女，就多我一个吗？因此她一直和亲生父母心存芥蒂。

罗必炎耐心开导杨先翠：“不管怎么说，那是你的亲生父母啊，不孝敬父母是没有做人的资格的。俗话说屋檐水还滴旧窝呢！”一席话说得杨先翠喜笑颜开。

岳母汪学秀喜欢吃鱼，罗必炎就千方百计地让岳母吃上鹿溪河的清水鱼。有一年冬天，老人念叨“想吃鱼”。知悉老人念想，罗必炎二话没说，就去溪河中捕鱼。在冰冷刺骨的河水中，罗必炎坚持捕了两斤多小鱼，回家后用油煎熟后给岳母送去。“幸亏年轻身体好，不然就冻病了。”罗必炎笑着说。

一次深夜，罗必炎送鱼到岳母家，只见岳母在灯下做布鞋。罗必炎不解地问：“妈，现在鞋子到处可以买到，您给谁做鞋呢?”“你说呢，给你做的。”岳母说。

从小缺少母爱的罗必炎听后热泪盈眶，他忽然明白了：怪不得岳母每年至少要给他做两双针眼密的千层底布鞋，这是一个母亲的慈爱啊!

后来岳母年纪大了，自己吃鱼吐刺不方便，罗必炎总要细细地将鱼刺一点点挑出，确保不会卡到喉咙后再喂给老人吃。

“孝敬老人，关爱晚辈，大哥是榜样。”罗必炎同父异母的妹妹罗凤英说。

罗凤英说，自己的姑娘周宝玉、儿子周宝祥读书时跟着当老师的罗必炎吃住三年，那样细心任何人都做不到。她举例说，宝玉不吃肉饺子，每次包饺子时，罗必炎总会专门为宝玉准备鸡蛋馅的饺子，还在鸡蛋馅的饺子上做记号。

罗必炎的行为感染着他的15个兄弟姊妹(生父、生母、岳父母各5个子女)。诸如给父母洗脚、梳头，把剔去骨头的肉让父母先吃等，成为兄弟姊妹的习惯，并且传承到下一代……

在罗必炎家里，时刻感受到这种孝老爱亲的浓浓氛围——

如今，杨绍慧已84岁，但家里大事小事，孙女孙婿都会向她报告。一遍没听清，再说一遍，不厌其烦直到老人听明白。

老人的床头柜放满了衣服和吃食，全都是5个孙女和孙女婿买的。每逢过节，出嫁在外的4个孙女，抢着接奶奶去自己家。经常因为这个，都要罗必炎出来“摆平”，最后5个孙女排好日程，轮流

杨圃　摄

接奶奶到自己的家过节。

有一次，罗必炎一家在县城餐馆吃饭，菜一端上桌，王永东就把奶奶杨绍慧喜欢吃的猪肝、鸭子夹了满满两盒。菜还没上齐，王永东扒了几口饭后，拎起饭盒就骑车走了。

王永东说："从县城到家里有七八公里路，奶奶一个人在家，回去迟了饭菜就冷了。孝老爱亲，这是爸爸给我们的传家宝！"

放学归来的罗宇程说："长大后，我要像爷爷、爸爸一样，做一个孝老爱亲的人！"

王荣轩 摄

宜昌　张治礼

百岁老人家训严

家住宜昌市的张治礼、李金秀夫妇，从抗战时期一路走来，风雨携手70年，始终不离不弃。两位老人虽然文化水平不高，但他们秉承“感恩、包容、勤学、节俭”的八字家训，培养出11名大学生、2名博士，全家四代35个子孙成人成才，而且都婚姻幸福、家庭和睦。

战乱人如草

张治礼于1915年出生于湖北襄阳谷城县。1936年，21岁时他在谷城被抓壮丁，用木船运到襄阳铁福寺，再用汽车运到孝感新兵训练营，发服装，训练，学习队列、军队纪律，学习训练将近一年。训练时大队长是魏巍，营房很大，周围是沟和铁丝网，防止新兵逃跑。傅作义还跟学员们训话：“你们现在不是老百姓了，你们现在是新兵了，要好好地学习，学习军事，学习好了，有了成绩，将来打仗立功，可以升官。”

一年后张治礼被分配到83师247旅494团，他在连部做文书，保管一个盒子，里面装的是全连士兵的名字，以便作战后统计阵亡人数。日本人打卢沟桥时，作为后援部队，张治礼所在的连开拔到前方打仗，他们连死了36个人，卢沟桥失守后，部队一路退防，死伤无数。

叶萍　摄

后来，日军攻打山西，阎锡山吃了败仗。刚开始是小打，后来日军在山西不断地增兵，国民政府也不断地增兵山西，士兵越来越多，全靠拼命的拉锯战。张治礼回忆说："1938 年，在山西忻口对日战役中，247 旅打得非常顽强，498 团驻守囊囊山阵地，团长曾宪帮率全团官兵，在遭受敌机轰炸、重炮轰击之后，仍浴血奋战，同敌人肉搏，与阵地共存亡，最后全部壮烈牺牲，494 团与 497 两个团仅剩 200 余人。"

在山西打仗一年多后，由于体弱，张治礼掉队，一个老人给了他一点吃的，才赶上部队。张治礼被长官训斥，后随部队退到一个村庄。他得了伤寒，被送到后方医院，去后方医院的路很远，如果谁中途死了，他会被就地埋掉。幸运的是有医生给张治礼打针才救了他一命，1939 年他掉队回家。

逃难结伉俪

1938年，日军的铁蹄踏破了宜昌的宁静，老百姓纷纷往四川逃难。在襄阳谷城的张治礼也不得不背井离乡，先逃到宜昌，再辗转到三斗坪，最后在巫山县落脚。当年，在小小巫山县里有很多难民，来自枝江董市的李金秀也随家人逃到这里避难。

当年，李金秀17岁，出落得亭亭玉立，美丽动人。可是，在那个兵荒马乱的岁月，越是年轻貌美的姑娘，越是要早点嫁出去。不然，家人担心夜长梦多。

李金秀回忆，那时张治礼快到而立之年，由于家里穷，他还一直没有对象。张治礼读过书，能写一手好字，长得白白净净，一表人才。当媒人给他们牵线时，虽然两人年龄差距比较大，但李金秀对张先生还是比较满意的。

李金秀说，在那个年代，先不讲什么爱情，结婚后再培养感情。当年，她最看重的是张治礼有文化，而她最缺的就是文化。她想找个有文化的人，容易沟通。就这样，在战乱年代，他们见面不久就举行了婚礼。

说是大婚，其实也非常简单，就是两家的人在一起见证了一下，算是结婚了。婚后，张治礼带李金秀继续逃难，过着颠沛流离的生活。面对还较陌生的丈夫，一起逃难，李金秀依然感到踏实。从此，她身边有了一位忠实的护花使者。

苦难见真情

日本投降后，张治礼回到宜昌。战后，宜昌城一片狼藉，在废墟中，他们艰难地生存。因为上有老母，下有孩子，一家人的生活异常艰苦。几年后，宜昌解放了，作为贫苦市民，张治礼一家得到了一些救济，才算是闯过一关。

新中国成立后，张治礼家里有六个孩子，还有一个老母亲，一共九张嘴要吃饭。面对困难，这对从战乱中走过的夫妻没有畏惧。李金秀天生乐观上进，她经常带着孩子到农村去，在别人收割了稻子的地里捡漏下的稻谷，在红苕地里挖别人挑剩下的红苕，在土豆地里刨遗留下来的土豆。

李金秀带着孩子四处讨生活，张治礼也没有闲着，他从江边捡来破旧的木船(被日军炸沉的、炸坏的)，把好的木板拆下来，重新打造成木制家具，拿到市场上卖钱。就这样，他们两人勉强让孩子有口饭吃。

张治礼是个比较内向的人，大事小事总不动声色。李金秀是个乐天派，越是苦难，她越是焕发斗志和活力。她爱唱爱说，人缘好，家里大事小事总是难不住她。家大口阔，大孩子、小孩子闹着要吃的，一点食物根本分不均。李金秀经常用一个小故事鼓励孩子们学会谦让，做到互帮互助，而不是相互争抢。

大孩子上班后，家里经济负担减轻了，张治礼就鼓励孩子们学文化。在那么艰苦的环境下，李金秀依然坚持学习，张治礼就是她的启蒙老师。李金秀说，多读书能长见识，遇到苦难就不会茫然无措，就会思路开阔，思想开明。

张治礼是文人，喜欢在家里写写画画，喜欢读书看报。宁愿自己多承担一些家务，李金秀也不责怪丈夫“不务正业”。同时，张治礼总是不厌其烦教老婆学文化，练书法，给她讲故事。

张治礼说，李金秀最大的优点就是心胸宽广，思想开明。不管遇到什么烦心事，她顶多啰嗦几句，一会儿就好了。另外，家里不管谁遇到什么挫折，她总是耐心劝导，而不是火上浇油。李金秀的宽宏大量，乐观豁达，总是让你有信心，即使在那样艰苦的岁月。

张治礼内向，不善于表达，李金秀就成为家里“传声筒”。丈夫的思想、心思，她摸透后再传递出去，既可以表达丈夫的想法，也能让孩子们领会。有了一位活泼乐观的老婆在家，生性内向的张治礼时时感受到幸福快乐。

王荣轩　摄

张治礼说，人们说漂亮的老婆一般不爱做事，李金秀则不然，她不仅貌美，而且非常贤惠。家里虽穷，有了这个巧媳妇，她总能把家里收拾得井井有条，大人、小孩不仅没有挨饿，而且走出去很体面。

夕阳红似火

退休后，张治礼夫妇又一起走过了 30 多年。如今，百岁老人四世同堂，有 35 个儿孙。退休后，他们狠抓下一代的教育和家庭和谐。李金秀说："我们那一代人没有机会读书，儿女这一代读书机会不多，到了孙子、曾孙这一代，再不读好书就万万不行。"张治礼家培养出 11 个大学生，两位博士。如今，这两位博士到美国继续深造。

2014 年 3 月 8 日是张治礼的百岁生日，他的 35 个儿孙从各地赶到宜昌，为他祝寿。张治礼在答谢词中写道，他之所以能活 100

岁，他最感谢的是党和政府。想当年，在抗日战争时期，他是逃难逃到宜昌来的，在逃难的路上遇到自己相濡以沫的妻子李金秀。回想当年的兵荒马乱，饥寒交迫，再看看今天的生活，幸福美满，自己没有理由不多活几年。

2014 年，张治礼与李金秀结婚 70 周年。70 年来，他们始终恩恩爱爱，和谐美满。张治礼的几个子女说，自从他们记事起，他们就没有见过父母吵架。最苦的时候，一家九口人就张治礼一个人拿工资，但一家人苦中寻乐，和和美美。

年老后，张治礼的听力不好，眼睛也不好使，李金秀看了新闻后，就给他讲解，天天如此。如今，讲起中国历史，说起中国四大名著，两位高寿老人依然能信手拈来。在两位老人的带动下，个个子女都爱学习，人人都要求进步。

一辈子，张治礼和李金秀保持艰苦朴素的生活习惯，他们依然住在 30 平方米的老房子里，从来不让子女给他们买礼物。他们能自己做的事，从不让子女帮忙。子女为了孝敬他们，轮流过去陪他们拉家常，打打小牌。

家　训

张治礼家庭之所以如此和美，这与他们的家训分不开的。

第一个家训就是学会感恩，首先要感谢党，感谢社会。张治礼家有四代人，对每一代人，张治礼给他们讲得最多的就是忆苦思甜，忆旧社会的苦，讲新社会的甜美。因此，张治礼经常询问子女的工作是否进步了，是否向党组织靠拢了，他家有 10 名党员。

第二个家训是家庭和谐相处，杜绝离婚。结婚 70 年来，不仅他们夫妻没有吵架，还经常告诫子女们，要相互体谅、包容，做到家庭和谐、和睦。因此，他们家庭聚会，不是比谁家钱多，而是比谁家和谐幸福，谁家没有吵架，更不用说离婚。

第三个家训是要求家庭成员活到老学到老。因为张治礼生活在战争年代，他们夫妇没有读多少书，所以他们非常重视文化学习，老俩口自觉做出表率。张治礼 90 多岁还坚持练毛笔字，看书，看报，老伴李金秀年近 90 岁，坚持天天看报，看书刊杂志。对后人，他们严格要求，不许他们打牌赌钱，不许后人游手好闲，鼓励他们多读书，读好书。

第四个家训是勤俭简朴。张治礼家的日用家具，都是 20 世纪 80 年代买的，他的子女要为他换新的，他总是不肯。他说，旧东西用起来熟悉、方便。子女们给他买的新家具，都被他退回去了。家里唯一的新冰箱，还是孙子、孙媳妇买的，因为他们住在北京，退不回去，只好留下。因为有了这个家规，张治礼家的所有人都有勤俭节约的习惯。

肖玫　摄

武汉　甘向东

超级家庭不分家

黄陂区蔡店乡蔡店村毛竹湾的甘向东一家，是这样一个超级家庭，从20世纪三四十年代以来，除了出嫁的女儿之外，这一家人就没有分过家。他们同吃一锅饭、共管一把钥匙。责任田、宅基地以及家里每个男人在外打工赚的钱等收入均贡献出来，作为大家庭的财产统一分配。目前这个家庭四世同堂，成员共有22个人。

对于甘家70多年来合而不分，兄弟同心、妯娌和睦的风雨历程，当地村民深为敬重。而甘家三代人对两个60多岁的残疾、未婚长辈的接力关照，更是当地美谈。

一家人不说两家话　6姐弟接过父母“爱心棒”

“向东上个星期专门回来给我们买了25公斤米、10公斤面条，清明节马上又要回来看我们。”那天中午，黄陂蔡店乡蔡店村毛竹湾，62岁的甘仁刚正在洗米烧火，为66岁的聋哑哥哥甘安生做午饭。甘仁刚有轻微智障，他口齿不太清晰地说：“向东他们这些伢们隔一两个星期就会回来看我们。”

甘仁刚所说的“伢们”是他们兄弟俩的6个侄儿侄女，这两位自幼就残疾的老人没有成家，一直靠兄嫂甘仁钦、雷慧珍的照顾生活。

詹长久　摄

大哥大嫂去世后，侄儿甘向东等姐弟 6 人接过了父母的爱心棒，赡养两位叔叔已近 10 年。

米缸里装满大米，橱柜中堆放着面条，屋梁上挂着腊肉……甘仁刚说："这些都是甘向东上次回家时为我们准备好的，如果村里杀猪卖肉，我们会去割两斤肉回来，等甘向东兄弟回家时再帮我们付钱。"

村支书蔡敦训介绍，甘家是全村出了名的和谐家庭。当年甘仁钦、雷慧珍夫妇就一直照顾两位残疾弟弟，还供甘仁刚上学念书。19 年前甘仁钦因病去世后，身为大嫂的雷慧珍挑起照顾两位小叔子的重担。曾经当过小队长、县人大代表的雷慧珍一直教育儿女们：一家人要团结和睦，互敬互爱，不要给甘家丢脸。

9 年前，雷慧珍也因病去世。儿子甘向东带着姐姐、弟弟继续照顾两位叔叔。由于他们姐弟都在外打工，村里人曾建议甘向东将叔叔送到养老院，甘向东一听就急了："我们一定会照顾好两个叔

王荣轩 摄

叔!”就这样，甘向东一直带着姐弟们轮流照顾两位叔叔。

甘向东、刘运香夫妻俩如今也是当爷爷奶奶的人，但他们每个月要回家一两次，给老人们买好米面油和各种日用品，刘运香还专门帮助两位老人换洗衣被、理发、打扫卫生。2014 年 1 月，甘安生病了一个多月，甘向东和刘运香就留在家里照顾他，每天给叔叔做饭，送他去村卫生院打针。而其他几位弟弟只要有空，也会带上家人回老家看望两位老人，如果实在抽不出时间，也会请大哥带回三百、五百的零花钱，孝敬两位老人。

一本户口无法装　一家庭成员达 22 人

在毛竹湾里，甘家刚刚修起了一栋 3 层的楼房，所有家庭成员聚齐了共有 22 人。这个占地 200 多平方米的小楼共有 18 个房间，这是甘向东 5 兄弟共同出资建造的。两位残疾叔叔住在一楼位置最好的房间里，卫生间、太阳能热水器等设施一应俱全。

“我们有兄弟五人，还有一个姐姐。除了姐姐出嫁，我们一直没有分家，而是继续在一起生活。”甘家现在的“家长”，甘向东说道。

甘向东1963年出生，他们五个兄弟，加上各自的孩子以及孙子，还有两个年老的叔叔，祖孙四代一共22人。现在全家人中，年龄最大的是甘向东的大叔叔甘安生，67岁；年龄最小的，是甘向东的孙女，今年4岁。

在这个由22名成员组成的家庭中，他们的职业有军人、工人、农民、老师、公务员等。

这个家，从甘向东的祖父辈开始就没有再分过，至今有70多年。“祖父有三个儿子，除了我父亲之外，两个叔叔都残疾，一个是哑巴，一个有智障，都至今未婚，现在仍然由我们赡养。”甘向东说。这也是这个家一直未分家的主要原因，在甘向东的父母结婚之后，为了照顾两个叔叔，甘家一直合居至今。

这样一个“超级家庭”要上户口，可难为了蔡店乡派出所的民警们。“目前甘家户主是甘向东，每个户口本最多只能上6个人，而他们全家都不愿意分写到别的户口本上去。”派出所户科登记的工作人员说。

五兄弟中，老大甘向东、老二甘旭东、老五甘武东一直在武昌打工，大姐和老三甘建东和老四甘文东在襄阳上班，但家都安在了老家。每个周末，老三、老四都要回家。

一口锅里吃饭　周末似办流水席

清晨5点，天还没有亮，甘家大嫂刘运香和往常一样，早早地出了门。那天是清明节，甘家的人都要往家赶，她得忙着张罗全家的饭菜。

下午一点，甘家的男人们在山上上坟回来，家里的女人们早已将准备好的饭菜摆到了客厅的长桌上。

在这样的节日，甘家人吃饭要摆长桌子。“大厅里都坐不下。”

刘运香说。甘家的厨房位于院子的左前方，与别的家庭碗柜中的小碗小盘不同，他家全是大锅大盆。

甘家的“大锅饭”在当地无人不知，由于没有分家，甘家人至今在一口锅里吃饭。

甘家的厨房，炒菜的锅是一个直径近半米的大铁锅。每到周末，一家人如果聚齐了，张党花和嫂子刘运香都要忙活一上午，“就跟办流水席一样”。

除了吃“一锅饭”，甘家承包的责任田和林地等，只有一本产权证。据甘旭东回忆，包产到户时，全家当时还只有 13 个人，分了 6.3 亩责任田。如今，包括责任田在内的宅、林地承包证书，甘家还是那一本。

一栋楼一把钥匙　全家共用一个钱袋子

看着甘家一大家子和和睦睦，羡煞了村里的村民，甚至有村民上门向甘向东取经，他们管教自己的儿子尚且管不好，甘向东是如何让弟弟们都团结一致，兄弟之间心往一处想的?

甘向东笑而不语。他觉得这样的团结并不是刻意而成的，而是兄弟之间自发形成的默契。这样的默契，从甘家新建楼房时，即看到了一二。

由于家庭成员实在太多，原来的老房子无法容纳这么多人。思前想后，甘向东决定在原来的宅基地上新建一栋房子。

2013 年 3 月，这栋楼房破土动工。“当时我们的预算约是 25 万，于是兄弟很有默契，每人出了五万。”当房子建成后，前前后后一共花了 40 多万。“这部分超出预算的钱，是我们兄弟几人今天他买门窗，明天我买地板，后天他买房门这样增加起来的。”甘向东说，至于兄弟 5 人每人具体花了多少钱，他们也没特意去算这笔账。“我和我爱人在家打理，其他四个兄弟在外面上班或者打工，一周回来一次，看缺什么就补什么了。”甘向东说。

如今，这栋房子只有一个大门，大门的钥匙由全家公管。“我们对家里的每一个人都很放心，所以只要一把钥匙就可以了。”老二甘旭东说。甘旭东和老三甘建东两家的卧室在二楼，每一个房门上都有钥匙，但没有锁上，钥匙也没有拔出来。

对于家里的开支，甘家虽然没有明确是谁管钱，但一旦家里用钱时，五兄弟会第一时间将钱凑到一起。“我们平时就形成了这样的习惯，每个兄弟会拿一部分钱存在那里，一旦家里办事儿需要钱时，就可以马上拿出来。”甘武东说道。几年前一个侄儿的婚礼，就是全家的钱筹办的。

有村民问甘向东，这个房子只有一个大门、一个楼梯，以后兄弟分家怎么办？甘向东回答：“我不死，这个家就分不了！”

家风后继有人　亲兄弟偏不明算账

村民们看到甘家一大家子人和和气气而羡慕不已，上了年纪的村民知道，甘家的这种家风是“遗传的”。

20世纪50年代，甘向东的母亲雷慧珍嫁到甘家时，甘家有两个只有9岁和4岁的小叔子，这两个小叔子一个哑巴，一个智障。都说长嫂如母，雷慧珍将这两个先天不足的小叔子像抚养儿子一样关心和照顾，直到2006年雷慧珍过世。这件事在当地一直被传为美谈。

而说到甘家家风的传承者，当数大哥甘向东。“作为儿子，他将甘家的家风继承得最好、最到位。”甘向东的姐夫蔡厚耀这样说道。

新房建好后，尽管没有来得及装修，还是毛坯房，但甘向东主动将一楼最好的房间给两位叔叔住，并给他们配了一部电话和一台电视机。全家唯一的热水器，也是安装在两位叔叔的房间中。

“除了长辈，他还非常照顾弟弟们。”张党花说。甘向东和刘运香1982年结婚后，就挑起了家里的大梁，弟弟们和几个侄儿的婚礼，甘向东都是一手帮忙操办的，“要人出人，要钱出钱”。

“我记得大嫂到我们家的时候，还没有通自来水，每天早上大嫂很早就起床挑水，当时家里也有十多个人，每天生活用水基本上是她挑。”老二甘旭东说。

“我们一家能够一直这样团结，靠的是大哥大嫂他们做出的榜样。”五弟甘武东说。“长兄长嫂如爹娘！父母去世后，我们 4 个弟弟还未成年成家，是大哥大嫂供我们上学，为我们办喜事。尤其是大嫂刘运香，我们都不喊她嫂嫂，而是亲热地喊她姐姐。”

姐夫蔡厚耀说，他很喜欢回到这里，因为有家的感觉。“每年回来时，甘向东把家里收拾打理妥当了，我们不需要操心。”

让蔡厚耀印象深刻的是，只要是家里的事情，甘向东都会主动揽下。每年过年回家，大舅子会自己出钱准备好一家人的腊鱼、腊肉等年货。“他每年这样做，是牺牲自己的利益谋求兄弟的团结。”

而甘向东并不在乎这些“糊涂账”，只要看到一家人其乐融融，家的温馨和幸福写在每个人的脸上，甘向东说，“糊涂点”又何妨？

叶萍　摄

黄石　向能利

传递最大正能量

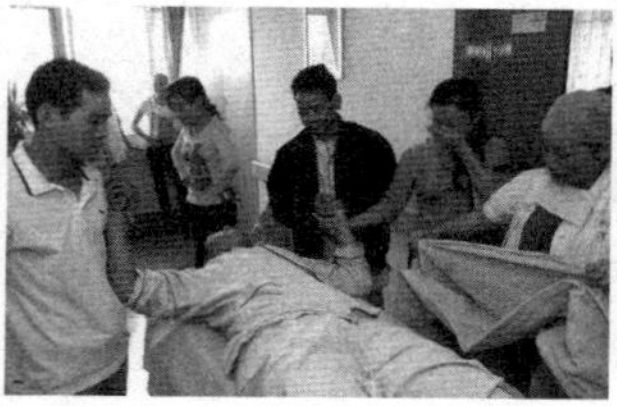

哥哥向能来从事宣传工作30多年，靠辛勤笔耕，从农民报道员成长为阳新县委宣传部副部长。他患尿毒症却带病坚持工作，2008年向能来尿毒症到了晚期，生命垂危，只有换肾才可能活下去。弟弟向能利和在温州打工的二弟向能华争着前往医院配型，考虑到向能华新婚不久，向能利不允许向能华捐肾，自己带着经费去做了配型并成功。向能利带着家里的全部积蓄8000多元来到武汉同济医院。次日，这对“大爱兄弟”被送进了同一间手术室。“兄弟，咱们都要好好活着。”两张相邻的病床上，两只粗糙的大手紧紧握在一起。手术后，向能来、向能利兄弟俩顺利完成肾移植。

勤奋务实

向能来生长在贫穷的王英库区，兄弟三人。身为老大的向能来，靠自己勤奋好学、辛勤笔耕，从一名乡村报道员成长为县委宣传部副部长。30年来，不论严寒酷暑，向能来总是不畏辛劳深入老区调研采访，写出了大量高质量的新闻稿件，连年被省、市媒体评为“优秀通讯员”。他亲自撰稿，报道了全国优秀教师王月娥、全国十佳人民满意公务员王贤田等一批模范人物。就在身患尿毒症的日子里，他一边做血液透析，一边电话采写新闻，经常是拔掉透析

叶萍　摄

针头就立马下乡采访，多次昏倒在采访一线。

向能来的妻子刘俊勤勤劳朴实，善良敦厚，他俩 1988 年结婚。向能来在家中是老大，他俩结婚时，向能来的两个弟弟一个读初中，一个读小学。因为是库区，家里仅靠几分薄田收入过日子，根本没钱可供两个小儿子上学。因此，两个弟弟上学的费用全靠向能来夫妻俩。最困难时，刘俊勤七八年都没添置一件衣服，哪怕只要十多元。90 年代流行踩脚健美裤，便宜的只要十几元，但刘俊勤却舍不得买，但两个弟弟的学费一给就是 100 多元。

向能利回忆说，父亲去世得早，家中非常贫穷，长他 10 岁的兄长承担起“父亲”的责任。1980 年，哥哥 16 岁时当了民办教师，就把他接到身边上学、生活。那时，哥哥一个月工资 15 元，一年到头舍不得买一件新衣，却在他 10 岁那年，买了一块电子表给他做生日礼物。“在我印象里他从没买过新衣服，穿过新鞋子，我却是村里上得起学、过年有新衣穿的孩子，其他孩子都羡慕我。”

2000年，向能来成为阳新县委宣传部副部长。哥哥成了县里的“名人”，也是弟弟们的好榜样。高中毕业后，向能利没考上大学，苦闷之时，向能来鼓励他说：“头上无人，笔下有路。”向能利开始磨笔杆子。2003年，向能利应聘到东楚晚报，如今是东楚传媒广告有限公司的一员。

小弟向能华，初中毕业后选择了外出打工，不慎落入传销陷阱。向能来赶到外地，将小弟从传销窝里“拉出来”，狠狠训了他一顿，告诉他：“在外打工，有门手艺是最重要的。”牢记哥哥的话，向能华苦学制鞋技术，曾经担任温州一家大型皮鞋厂的设计师，现在担任阳新华昌鞋业有限公司的董事长。

捐肾救兄

在向家兄弟看来，浓于水的亲情，是世间最珍贵的财富。兄弟三人成家立业后，以为日子苦尽甘来，没想到灾难又一次悄悄袭来。

2003年，向能来因痛风入院治疗，此后一直服用药物。直到2005年，向能来被确诊为肾衰竭。随后，病情不断恶化，2006年转为尿毒症，每周必须靠2次透析来维持生命。直到2008年8月，连透析也不管用了，向能来的身体，一天天垮下去。

“2006年我们就在武汉、黄石各大医院寻找肾源，但我哥等不了了。”9月28日，向能利动身前往武汉，就是要把自己的一个肾脏捐给哥哥。而在此前，他悄悄瞒着家人，做了血液配型等20多项检查，结果显示配型成功。“我和小弟商量好了，如果我的肾配型不成功，他就准备把一个肾捐给大哥。”向能利说道。

而他的举动，向能来第一个表示反对，身为长兄的向能来拒绝了弟弟的请求。因为弟弟一家全靠他挣钱，如果向能利倒了，一家人的生活来源就断了。

“哥，你不能再拖了，明天我送你去武汉住院!”2008年9月12日中午，向能利含着泪对哥哥说。

向能利多次做工作，最终说服哥哥，两人到同济医院做了血型配对。

做通了向能来的思想工作后，9月27日，向能利才把实情告诉妻子。“尽管我有些心疼，但还是支持他，我会一直陪着他，照顾他。”陪同丈夫一起去武汉的艾金枝，眼里满是理解。

艾金枝还透露了向能利的一个“小秘密”：向能利非常怕疼，从小就怕打针，甚至连单位组织的体检都因为怕疼而不参加。向能利坦言：“我是很怕打针，很怕疼，但我更怕再失去一位亲人。”

在医院的过道里，看到兄弟俩躺在手术床上，亲人哭成了一团。在手术车被推动的一瞬间，向能利含泪对向能来说：“哥，我很害怕，如果有别的肾源，哪怕让我倾家荡产我都愿意。现在唯愿手术成功，让你能正常的生活，你要保证最低也要多活十年!”哥哥向能来哭出了声，对向能利说：“一定，我保证活得更久，最低也要再活10年!”

此情此景，让在场的人都流出了感动的泪水。

2008年10月2日，向能来的肾移植手术成功。

那一年，向能利为哥哥捐肾的事迹，引起了社会的强烈反响，在黄石广为流传。黄石市著名音乐人柯德胜专门为向家兄弟创作了一首歌曲《兄弟情长》：“你的坚强，我的翅膀，今生有缘，做兄弟一场……兄弟情长，敞开你的胸膛，兄弟的笑，是给我最好奖赏。”

6年过去了，51岁的向能来身体康复得很好。

亲人的关怀

每个星期，无论多忙，向能利总会抽一天时间和妻子艾金枝带着母亲尹菊花出去逛逛。这是多年来，向能利养成的习惯。

母亲喜欢热闹，向能利就经常带着她去阳新文化宫。他坐在一边，让母亲跟其他的老人“谈经”（阳新话聊天的意思），一坐就是一个上午或下午。

认识向能利的人提起他，首先说的不是“讲义”，而是孝顺。因此，73 岁的尹菊花也最喜欢住在老二向能利家里。这倒不是其他两个儿子不孝顺，相反，三个儿子一直争着让母亲住到自家来，可老人执意住在老二家。

因哥哥向能来房子小，老母亲一直与向能利住在一起。他和妻子艾金枝对母亲的照料，无微不至。

尹菊花逢人就说：“我的儿媳妇比亲闺女还亲，我在儿子家，他们百事都随我，日子太幸福了，我真想活到八九十岁。”

对在外打工的弟弟，向能利同样有着无限的深情。2007 年，弟弟向能华要结婚了，但没有婚房，老家王英库区的两间破房摇摇欲坠。

向能利在阳新城关刚搬进新房不久，夫妻俩想都没想，对向能华说：“小弟，不要急，有哥住的，就有你住的。”他们夫妻把最大的一间房让给弟弟作为婚房。2014 年，弟弟向能华在阳新县城也买了新房，弟媳蔡丽萍一家住在向能利家舍不得搬出来。

“长期以来，家里的水电费和煤气费都是哥哥付的，不要我出一分钱。”蔡丽萍说，“这个家庭大爱的氛围太浓了，我要让孩子好好感受，传承下去。”

善良的晚辈

向能利对家人是如此深爱，对其他人也一样情深意切。

他们湾里有一个叫王碧霞的孤寡老人，是向能利父亲远亲的遗孀。老人 70 多岁了，体弱多病，无儿无女，孤身一人，生活异常艰难，连做饭的柴草都没保障，更不谈饭食了。

向能利看在眼里，急在心头。后来他与母亲商量，决定将王碧

王荣轩　摄

霞接来同住，并让妻子艾金枝煮汤送药，细心服侍。2013 年，老人寿终正寝，含笑离世。

老人生前多次对向能利说：“有粮(向能利的小名)，我不知哪世修来的福，今生能有你这么好的侄儿，我一间破房也没有，拿什么回报你啊？只有等来世了！”

向能利总是笑着说：“伯娘，别这样说，谁没个难处，你还是我同姓伯娘，社会上有许多善人，他们对非亲非故的人都能无私帮助，我就不能为您养老吗？您再莫想那么多了，安心养老吧！”

平时，向能来兄弟三个各自忙事业。逢年过节，三个小家庭相约回到老家向家湾聚在一起，小辈们有的畅谈理想，有的嬉笑打闹；老哥仨各自谈工作，时不时一阵大笑；三妯娌系着围裙在厨房里忙碌着，有说有笑。太阳底下，慈祥的老母看到这一切，脸盘儿成了一朵盛开的菊花。

这个家庭的和睦与友爱感染着同湾的人，现在，这个湾子的风气是全镇最好的。孝敬老人的多了，打牌赌博的少了；团结友爱的多了，打架斗殴的少了；勤奋拼搏的多了，好逸恶劳的少了。

有拼搏就有希望，有爱就有未来。

襄阳　吴辉铭

孝行考验人性

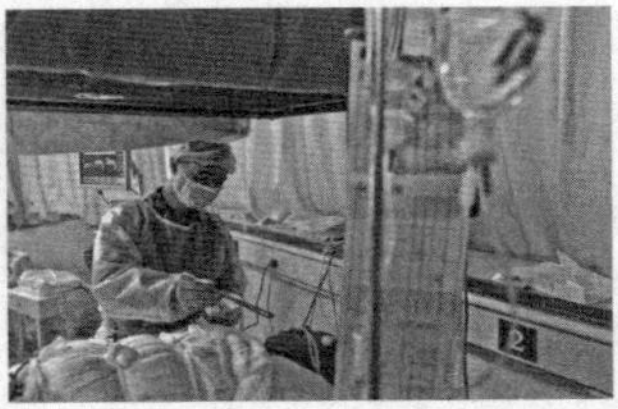

吴辉铭25岁，家住南漳县城关镇，技校毕业后就在外打工，父亲吴海刚在南漳做电工，母亲张明荣下岗十余年，在超市打工。在这个平凡的家庭中，因一次意外灾难而变得和和美美，知足常乐。当父亲全身90%的皮肤被烧伤需要大量植皮救治时，吴辉铭义无反顾地先后3次割皮救父，成为孝亲敬老的典型。

突如其来的灾难

父亲遭遇不测的那一天，犹如一场梦魇，在吴辉铭的脑海里挥之不去。

2013年11月19日，51岁的吴海刚在南漳工作时重度烧伤，全身烧伤面积达90%，一度生命垂危。吴辉铭接到通知赶到医院时，几乎认不出父亲了。

经过10天抢救，父亲总算挺了过来，但是大面积的烧伤还需要长期而复杂的植皮治疗。

第一次、第二次、第三次……从火海逃生的吴海刚，一次次经历着植皮的痛苦。然而，手术用到的遗体皮和猪皮，仅能在治疗初期起到保护皮肤的作用，无法再生。而自体皮移植中，吴海刚仅存

叶萍 摄

的头皮又非常有限。主治医师石寒冰告知家属，最好的选择就是从直系亲属身上取皮移植。

吴海刚的双亲年事已高，兄弟姐妹要么年纪大了，要么人在外地……吴辉铭的母亲张明荣和家人考虑着从直系亲属身上取移植皮的人选。

“我来给爸爸植皮！”吴辉铭站出来，但他的声音很快被一片反对声淹没。

“不行，你还小，以后还有你的生活！”母亲心疼儿子，一千个不答应。

“之所以反对儿子割皮，还因为当时他身上有伤。”母亲张明荣说，在老公烧伤一个月后，儿子又不慎摔伤了右臂，那时还打着石膏。

“我多取一次皮给爸爸，爸爸从自己身上就少取一次。我年轻，皮割了还会长出来的呀!”做了这个决定之后，吴辉铭就一直做母亲的思想工作。

一边是相濡以沫的老公，一边是至亲至爱的儿子，面对她最爱的两个男人，张明荣陷入了沉默。

三次割皮救父

2014年2月10日上午，吴辉铭和父亲先后被推进手术室。一帘之隔，吴海刚并不知道，儿子的头皮已经在自己的右腿上开始生长。

从麻醉药中清醒后，吴辉铭第一句话就是问：“爸爸好吗?”怕父亲知道是他割的皮，吴辉铭强忍着牵挂，好几天不敢去看父亲。

久卧病床，吴海刚的情绪变得压抑，不好好吃饭。移植后的皮重新长很痒，他忍不住就会蹭，一蹭就蹭掉了移植好的皮。张明荣看在眼里，急在心里，像这样不爱惜自己，岂不是辜负了儿子的一片孝心?

一天已是凌晨，张明荣看到吴海刚情绪不佳，她实在忍不住了，“老吴，我跟你说一件事情吧……你蹭掉的皮可都是儿子植给你的啊!”

吴海刚的泪水瞬间涌出眼眶，半天才说出一句话：“这么大的事，你怎么不跟我商量?”

做完取皮手术的吴辉铭，每天直挺挺地躺在床上。只要头轻微一动，他就感觉像有无数的针在扎。等恢复得好一点后，吴辉铭挪动身体走下病床，来到相隔10米的重症监护室，父亲已经在里面躺了近4个月。看着父亲一天比一天有精神，他露出了久违的笑容。

为了鼓励父亲，他总是笑着对父亲说：“你要加油，我可是给你植皮了的哦。”

儿子一脸轻松，父亲却早已泪眼婆娑。

“很多人做过一次割皮手术，就疼得不会再做第二次这种手术。”三六四医院副院长兼烧伤科主任李俊说，令他们没想到的是，吴辉铭又接连两次割皮救父。

2014年2月8日，吴辉铭进行了第二次头皮移植手术。2月21日，吴辉铭第三次推进了手术室。刚进手术室，医生就发现了新问题。

吴辉铭新长出的头皮太薄，需取用身上的皮肤才够给父亲做肚子植皮手术。医生出来跟张明荣商量，能不能取吴辉铭后背上的皮移植。张明荣一听愣住了，再一次陷入深深的纠结中，“这要我怎么决定啊，看儿子怎么说吧……”

躺在手术台上的吴辉铭二话没说，就听从了医生的建议。

最终，医生从吴辉铭后背取下4块约手掌大小的皮肤。这一次，所有人依旧和前两次一样瞒着他的父亲。这一次的植皮相比前两次取头皮，要疼得多。做完手术后的吴辉铭只能侧躺着，实在想动一动了就抬一下腿，甚至连被子都不敢盖。

王荣轩　摄

看到母亲心里难受，懂事的吴辉铭还要安慰母亲。为了保护后背，医生将一块猪皮缝在吴辉铭的背上。吴辉铭笑着跟母亲开玩笑：“妈妈，你看我像不像安了一个龟壳？”

父亲在烧伤后的一百多个日日夜夜里，吴辉铭用自己的疼痛分担着父亲的痛苦。“我多疼一点，他就少疼一点。”这是吴辉铭重复最多的话。

第二天是吴辉铭25岁生日。当母亲问他想要什么生日礼物时，这个大男孩咧嘴一笑：“我的愿望就是爸爸早点康复，不再遭受这么多的疼痛。”

懂事的儿子

十米之隔的两个病房里，一边躺着丈夫，一边躺着儿子。吴辉铭割皮手术后，骨折的手还没痊愈，张明荣喂丈夫吃完饭，又要喂儿子；帮儿子上了厕所，又要去看看丈夫的情况。除了身体的劳累，母亲承担的精神痛苦更让吴辉铭心疼。

很多时候，吴辉铭看到母亲默默流泪，他却不知道该怎么安慰母亲。这个时候，他总是紧紧咬着嘴唇，强忍着自己的泪水，因为他觉得，不在母亲面前落泪，也许是给母亲最大的安慰。

手术后，吴辉铭夜里常常睡不着，想喝水。他自己不能起身，也不想叫醒妈妈。“妈妈太辛苦了，我能忍着就忍着吧。”吴辉铭说，“为了照顾父亲，母亲已辞去了工作，父亲还需要后续治疗，我是家里的顶梁柱，有责任把家撑起来。”医生认为，由于治疗的需要，吴辉铭可能还将面临第4次取皮手术。

当身体稍微恢复一点，吴辉铭就开始帮助母亲照顾还在卧床的父亲，每天吃完饭后，他总是抢着去洗碗，听着洗手间里传出一阵“哗啦啦”的流水声，张明荣思绪如水，在她的记忆里，儿子一直就是一个心细、懂事、孝顺的孩子。如果说，丈夫意外烧伤让她的生活陷入了困顿，那么，孝顺的儿子则如一缕阳光，给她带来了希望。儿子生活的点点滴滴也涌上她的心头：

吴辉铭读学前班时，妈妈每天给他 5 角钱在外吃早饭。才五六岁的吴辉铭每天买 4 角 5 分钱的面包，然后把剩下的 5 分钱攒到存钱罐里。这让张明荣很欣慰，“孩子这么小就知道不乱花钱”。

参加工作后，一些同龄人下了班不是去胡吃海喝，就是唱歌娱乐，吴辉铭总是直接回家。妈妈问他怎么不去，他憨厚地笑笑：“我不会喝酒，又不会唱歌，去了干啥？”

打工收入不高，每个月仅一千元钱，可他经常给爸爸妈妈塞钱，或是买东西看望爷爷奶奶。遇到家里要添置大物件，吴辉铭还会出个“份子钱”。

2012 年 11 月，快到爸爸妈妈的生日了，吴辉铭给爸爸妈妈各买了一部手机。虽然如今在张明荣的大屏幕手机里，存的都是让她不忍直视的丈夫烧伤后的模样，但拿起手机看时，她淌满泪水的脸上依然露出了笑容。吴辉铭自己用的还是 5 年前买的一个诺基亚手机，而他身边的朋友都换了好几代苹果手机了。

几乎所有孩子在青春期都有过一段叛逆的时光，吴辉铭也不例外。

2004 年，吴辉铭初中毕业，从南漳来到襄阳市机电工程技校读书。有一段时间，他读不进书，一度让父母操心。

毕业后，吴辉铭开始打工。他当过餐厅传菜员，去深圳富士康当过工人，后来回到南漳一家车床厂上班。品尝了人生百味之后，吴辉铭才体会到父母的不易。

母亲下岗十多年，在超市打工。父亲做电工，工作辛苦。每天清晨，这个家庭的三个成员各自出发，为生活打拼。

中午，吴辉铭比父母回家稍早，他会先把米淘好、菜洗净。洗碗都是吴辉铭包了，自己的衣服一般也不麻烦母亲洗。儿子长大渐渐懂事，这让母亲深感欣慰：“比起别人家的孩子，吴辉铭真没有什么特别值得称道的地方，但他特孝顺，这就足够了！”

爱心的扩散

3月20日，吴海刚因肾功能不全，排不出小便，开始做透析，可直到当晚11时，病情依旧没有好转。之后，一张病危通知书送到了张明荣母子手中，两人一夜未眠。

21日，在中航工业三六四医院，主治医生石寒冰认为，吴海刚高血压3级，伴有肺部感染、多脏器功能衰竭，随时可能死亡。吴海刚近期都要做透析治疗，透析费用高，仅22日一天医疗费就达到1.8万元，他家已欠下43万元医药费。

为了父亲的后续治疗，吴辉铭和母亲张明荣打算卖房。吴辉铭说，家里房子仅有50多平方米，且在顶楼，还没找到合适的买家。问及他为何要隐瞒家中的困难，吴辉铭低下头陷入了沉默。一分钟后，才勉强挤出一句话："不想麻烦大家，受捐的钱都是人情债。"

吴辉铭有一个小本子，上面记录着每一笔善款的来历：襄阳市慈善总会受宝诚科技集团有限公司董事长刘玉宝所托，为吴辉铭送去2万元救助金；从广州汇来了500元、县工会和县开发区分别送来1000元、南漳"我身边的好人"送来1000元、县政府送来3000元、三个好心的奶奶送来600元、一对60多岁的夫妇送来1000元、红色上衣黑色裤子的好心人送来500元……知道单位和姓名的，吴辉铭就写下爱心人士的单位和姓名，陌生人送来的捐款，他也一个不拉地记下。他一共记下56笔爱心捐款，记满了4页纸。

吴辉铭说，看着每一条记录，都能想起安慰和鼓励的话语。"肯定要把这些记清楚，受人恩惠，哪有不还的道理?"

吴辉铭说，3月22日，一对夫妇用医保卡为父亲刷了2600元医药费，却始终不愿意留下姓名。无奈之下，他记下了他们医保卡号，希望以后能够报恩。

3月22日，南漳县文明办代表县委、县政府给吴辉铭颁发了"南漳县道德模范特别奖"荣誉证书和1000元奖金。张明荣说，社会各界的帮助让他们一家有信心挺过难关。

吴辉铭的父亲在武汉第三人民医院进行后期治疗。在武汉陪伴父亲5个月后，2014年9月吴辉铭回到襄阳，经亲戚介绍进入深圳工业园一家企业工作。本来他打算进车间，但因生产线尚未建好，他先干起了保安。

吴辉铭介绍，父亲的病情已明显好转，除了腋窝、腿部关节等部位结疤严重需要手术，其他部位恢复良好。

吴辉铭说，父亲已经50多岁了，出院后很可能就要办理病退，辛苦了半辈子，也该好好地休息了，他会肩负起家庭的担子。

对于今后，吴辉铭说，他打算先在厂里好好打工，再攒一点钱做自己的事。

吴辉铭重孝道、知感恩、传美德，坦然面对苦难，不畏剧痛，用稚嫩之躯，毅然决然割皮救父，克服常人难以忍受的痛苦，为父亲恢复健康撑起一片晴空。

肖玫　摄

荆州　谢爱娥

仁心一片满湖区

救死扶伤，是医务工作者的天职。医务工作者，被人们尊称为白衣天使，不仅是因为拯救了他人的生命，让他人重获健康，更因为他们表现出的仁爱之心、崇高医德让世人仰止。

洪湖市滨湖办事处船头嘴村村医谢爱娥，中国共产党党员，一名普通的村医，她二十年如一日，情牵渔民，扎根湖上，凭着对大湖渔民赤诚的爱和全心全意为患者做好医疗服务的信念，赢得了广大湖区群众的爱戴与尊重。

最美湖上家庭

接到电话，谢爱娥马上起身，进屋套上那件胭脂色的羽绒服，提起药箱，穿上雨衣，熟练地跳上小船，撑起竹竿。

正是腊月初九的夜，上弦月清冷。此时，刺骨的风，正在三百多平方公里的洪湖上，肆无忌惮地吹着。屋内的老黄历上，用刺眼的红色写着两个大字——“大寒”。

“大寒大寒，冻成一团啊。”村党支部书记刘俊青抽着烟，望着谢爱娥渐渐模糊的身影，喃喃地说。“还不是那个老董，也是没办法啊，老毛病经常发作。”刘书记说的那个老董，两年前做过肺叶切除手术之后，留下了一些后遗症，身体孱弱，经常需要谢爱娥上门

杨圃　摄

为其诊治。

"我们船头嘴村的渔民，真的从内心都非常感激谢医生。"刘俊青转身进屋，边关门边说。

掀开医务室的一块"地板"，就是谢爱娥的家——一间高不过1.5米，面积不足10平方米的船舱。夏天闷热，她唯一可以用来解暑的电器是放在床头的一把电风扇；冬天阴冷，她就加一床棉被，而她所有的"家当"也都堆放在船舱中。所谓的"家当"，无非就是一套陈旧的衣柜、一些必需的换洗衣物，外加一些日常生活用品。作为女人最喜爱的化妆品，也仅仅是最普通的护手霜——因为冬天湖上风大，双手常常皲裂。要说最值钱的"家当"，则是一部用来接诊出诊，24小时不关机的手机。

在中央电视台"寻找最美乡村医生"的颁奖礼上，为谢爱娥制作的专题片中，介绍说她走过的水路，足够绕地球两圈。今夜，对于谢爱娥而言，或许只是她万里水路中，一次极为寻常的出诊。但对那些等着谢医生前去诊治的渔民们来说，她的每一次出诊都是希望的降临。

水上行医路

1992年，因一名孕妇难产在送往医院的途中，在船上去世，船头嘴村的老百姓，终于下定决心，不管多难，也要建一个属于自己的村级医务室。

船头嘴村位于洪湖大湖西北边，距离最近的镇级卫生院也有20多公里，居住着150多户以船为家的渔民，他们所住的船屋，如同一个个孤岛，零星地分布在20多平方公里的水域上。

渔民最害怕的事情，莫过于生病。即使离岸最近的渔民，也要驾船近三个小时，才能赶往岸上的医院。而很多急症，此时往往错失抢救的最佳时机。

建医务室容易，无非是找条船，弄点药。但是，谁愿意到这个地方来当医生呢？

当时的村支部书记，在和全村人商量了之后，大胆决定，以高于其他村的工资待遇，向全洪湖招聘两名医务室医生。

冥冥之中，自有天意。1992年初，新婚不久的谢爱娥还是洪湖岸边滨湖办事处的一个卫生所里的医生，收入不多，日子虽不富裕，倒也过得安稳。一天吃晚饭时，在湖上做了20多年木工手艺很少回家的公公与家人聊起湖上缺医少药的事情，“现在湖区渔民的收入增加了，渔民的生活得到了较大改善，唯一不足的是缺医少药，大家要是得了个小病总是没法子。”公公无奈地说。说者无心，听者有意。当时，新婚的何太瑜、谢爱娥两人，因为他们在不同的卫生所上班，正苦于分隔两地，不能长相厮守。

“要是我们能到湖上去行医，一来可以为渔民看病，二来还可以增加家庭的收入，一举两得，何乐而不为呢？”两人带着一份欣喜，来到了船头嘴村。他们把家安在了百里洪湖上，从此开始了水上行医路。

谢爱娥还清楚地记得第一次来到船头嘴村的情景："正是八月，师傅开船带我们过来，一路荷花开放，香得很呢。我们高兴得不得了，两个人终于在一起了。"

但最初的新鲜和激情过后，船上生活也开始慢慢展露。

来了没几天，一场狂风暴雨，就给了谢爱娥他们一个下马威。他们只能蜗居在"村支部"——一个绿色的船坞里，"那船，就像一片树叶，在湖面上甩来甩去。我们睡在床上，都怕得要死。晕船，肠子都快吐出来了。"第一次遇到狂风暴雨，让谢爱娥记忆犹新。这里没有路，方圆 20 多公里湖面一片浩淼，他们既不会游泳，也不会撑船，加上广阔的湖面无风都会涌起三尺浪，让过惯了陆地生活的他们寸步难行。两人在现实面前，所有的浪漫和想象，被击打得粉碎。

这些还不是最苦的，最苦的是心头的孤独。这里的渔民绝大多数来自江苏、山东、安徽等 17 个省市，各色的方言，且不说看病问诊，就连简单的日常沟通也是困难重重；这里的人居住分散，没有像现在这样发达的通讯工具，长年生活在船上，精神生活极其单调，甚至连串门的机会都没有。

到了夜晚，大湖里静得可怕，伸手不见五指，能听到的只有风声、水声和断断续续的蛙鸣。两人只能点一盏煤油灯，孤灯相伴，无边无际的寂寞袭来，年迈的父母、幼小的儿女……就像走马灯一样在脑子里转，泪水落下一行，又落下一行。

到了冬天，除了无尽的孤独，更难熬的是寒冷。掀开医务室的木质甲板，船舱里不到十平方米的逼仄空间，就是谢爱娥他们的"家"。一张双人床是唯一的家具。夜晚睡在床上，如同睡在水的怀抱，因为舱外的水位更高，船舱被湖水包裹，寒冷如同冰窖，不管盖几层被褥，寒冷都深入骨髓。

何太瑜说："冷得整个人，都好像傻了一样，每天就想回岸上

朱铁容 摄

去，想回家。”

谢爱娥他们几度想到放弃。两人在一起商量，等过年之后，就离开这个地方，然后出去打工，至少比湖上好。

就在他们心意渐决的时候，渔民们不经意的举动，留下了他们。听说他们要来，村民们架桨摇船，有的走了几个小时的水路，聚拢到“村支部”，争相问候岸上来的美女医生，家长里短，寻医问诊，好不热闹。虽然村民们说的全是“外语”，谢爱娥一句也听不懂，但她从村民淳朴的眼神中看到的是热切的期盼；又听说他们要回家过年，渔民们纷纷拿出家里腌好的干鱼——草鱼、青鱼、鲢鱼、胖头鱼……临行的小船上，堆积如小山的干鱼，表达了渔民们的不舍之情。

谢爱娥被湖上人的善良打动了。回到老家后，她改变了主意，他们一起商量，决定再等一等，等有了更合适的人选，他们再走也不迟。

谁知，这一等，就是22年。

人世间最美丽的东西

人生有多少个22年？

22年，他们接诊病人3万多人次，转送产妇100多人，船头嘴村绝大多数22岁以下的村民，都是在谢爱娥的呵护下，来到了人世。

22年，他们出诊3000多次，走过的水路，长达8万公里——相当于6次二万五千里长征，相当于绕地球赤道两圈。

22年，为了一个简单而又崇高的使命，他们想尽一切办法去克服困难：不会游泳，慢慢学；不会撑船，慢慢练；语言不通，慢慢说；皮质的出诊箱沾水容易烂，就自己用木头做……在这大湖之上，穷尽了青春年华，播撒了爱和芬芳。

22年，他们的一言一行，留在了方圆20多公里的船头嘴村，传播到300多平方公里的洪湖，镌刻在600多个村民的心中。

有人问谢爱娥："后悔吗？"

"不后悔，渔民都拿我当亲人看，这是对我们最大的褒奖。"谢爱娥爱笑，说话直爽，已45岁的她，笑起来像个单纯的孩子。

人世间最美丽的，莫过于笑容。

2008年冰雪灾害，整个洪湖一时变成了冰的世界，怀孕8个月的刘丽得了重感冒，高烧，剧烈咳嗽，她害怕影响腹中的胎儿，想和丈夫一起去找谢医生，但出了门，两人搀扶着走了几步，就退却了，她行动不便，冰又滑。

刘丽抱着试一试的心态，拨通了谢医生的电话。渔民很淳朴，尽管自己病重，也怕麻烦别人，毕竟冰天雪地，湖上寸步难行。就在刘丽以为医生来不了的时候，她听见了敲门声。丈夫开了门，室外朔风瑟瑟，刘丽热泪盈眶，泪眼中，她看到谢医生熟悉的笑容。

那一刻，刘丽觉得自己是全天下最幸运的人。在她最需要帮助的时候，谢爱娥冒着生命危险，步行数十里冰路，雪中送炭。

湖上人交朋友是以心换心。谢爱娥用自己的真心，将“村医”这个没有编制的临时工赋予了崇高的内涵，用微笑感染了每一个患者的内心，把芬芳播散到美丽的洪湖。

64 岁的陈德胜记得，2008 年他患食道癌，其妻在煎中药时，不慎引起大火，船屋毁于一旦，谢爱娥闻讯后，毫不犹豫将他一家接到了“医务室”，共同生活并医治。

24 岁的刘俊凤记得，2009 年妇女节前夜，她难产，谢爱娥头戴探灯，顶着大风，抱着她，连夜护送到岸上生产。

70 岁的吴绍好记得，2009 年隆冬时节，他晕倒在船上。北风呼啸，天寒地冻，谢爱娥从睡梦中起床，在茫茫的大湖上搜救老人。在返程的水路上，谢爱娥不慎被竹竿撩倒，腰背部被船舷撞伤，但她还是强忍疼痛，微笑着说“没事”，继续守护老人直到转危为安，至今她仍有腰背部劳损的毛病。

100 多户渔民都记得，2010 年洪湖涝灾，她顶着烈日，冒着酷暑，挨家挨户指导渔民将饮用水消毒，确保了大灾之后无大疫。

600 多个村民也一定记得，2011 年洪湖大旱，为保障渔民饮水卫生，她背着药箱，带着探路棍，穿着笨重的防水服，在沼泽地里，踩着齐膝盖的淤泥，一步一个脚印，逐家逐户发放消毒药片和防疫药物……

平时看病，渔民挂账的现象在所难免，尽管谢爱娥手头上还有 1 万多元的欠账至今还没收回来，但不管是谁，只要有人身体不适，谢爱娥都会尽全力医治。现年 59 岁的渔民董继财去年 12 月刚做完肺叶切除手术，恢复期需要打针吃药，又因为身体原因不便来回颠簸，谢爱娥便每天定时送诊上门。2011 年洪湖大旱，机船根本无法通过，谢爱娥便准备了胶鞋、探路棍，每次到董继财家，她总是大汗淋漓。等到身体恢复得较好时，董继财便要求自己每三天亲自上门赴诊。有一天，谢爱娥发现老董没有来就诊，便亲自上门了解情况。原来老董因为家境不宽裕，在谢医生那里有不少欠账，一直受谢医生的关照却无钱付费，心里实在过意不去。得知这一情况后，谢爱娥依旧笑容满面地劝慰老人不要计较，要求老人继续看病。

医者仁心，谢爱娥和何太瑜，用他们人生最美好的年华，践行了“医生”二字最美的本意。

当南下的大潮席卷整个荆楚大地的时候，谢爱娥夫妇依然固守着每年2万余元的收入，勉强糊口。亲朋好友都说她憨，说他们傻，她却笑着说：“渔民离不开我，开心就行了。”

很多人抱怨老天的不公，抱怨自己付出太多，而得到又太少。谢爱娥却从不抱怨，很多重病的渔民本就贫穷，欠她的医药钱，她从未开口讨要，那些渔民过年过节给她送来普通的两条干鱼，她便笑着说：“就将这干鱼，抵了医药钱吧。”

当有人问她：“到底是什么在支撑着你走到今天?”谢爱娥微笑着回答：“我是一个医生啊!”

这的确是最美的答案!

襄阳　王华革

爱唤醒沉睡的心灵

王华革1953年生于北京，随父母到襄阳。19岁起，她在襄阳致远中学从事美术教学，一直到45岁主动退休。1979年12月，儿子袁冶因出生时窒息时间过长，大脑缺氧，导致重度智残、中度脑瘫。35年来，王华革细心照料，将儿子培养成了全国特奥会乒乓球比赛冠军。王华革除了将自己智障儿子培养成才，还无私帮助其他智障人成才。王华革主动投入到社区扶残、助残、推动特奥活动开展工作中，成为社区的第一位志愿者。在王华革的带领下，樊城旭东路社区、襄城新街社区相继成立了“阳光家园”，为残障人士提供免费康复训练。

一场特殊的书画比赛

在2015年襄阳书画艺术馆举行的“襄阳梦”首届少儿书画大赛启动仪式上，4名平均年龄30岁的参展选手——刘杨、袁冶、彭亮、王志方引起了大家的关注，“虽然年龄较大，但他们的实际心理年龄约在3岁。”来自铁路社区阳光家园的义工王华革说。这四名“大孩子”都是来自襄阳市福利院与铁路社区阳光家园的孤残和智障人士，年龄最大的36岁，最小的27岁。

在比赛现场，与其他选手不同的是，袁冶每写一笔，王华革就

肖玫　摄

在一旁大声喊："点瓜子、开火车、擦桌子！""教重度智障者写毛笔字，需要先找到一种生动又形象的事物，让他们记住。"王华革说，对这群特殊的选手而言，拿毛笔写字并非易事，得先从手指画教起，先学点，再画圈，熟悉后才能拿毛笔，写勾线形容为"开火车"，写点当然是"瓜子"最形象。

"比如教画画，一般就用'擦桌子''扫地''洗'等词来教他们理解晕染。"王华革介绍，很多时候教他们一个动作都要学好几天，甚至几年，不能把他们当成正常人来教，自己每次都是以袁冶做实验，根据他接受的多少，再去相应地教其他孩子。通过多年练习，这些"大孩子"已经能够画出工笔国画《国色天香》。王华革说："他们喜欢画画，这对他们身体的康复训练也很有帮助。"

这场特殊的书画比赛背后，是一个社区中心、一个家庭、一个人几十年的超常付出。

特殊的阳光家园

刚从外面赶回社区的王华革还未喝口水，就去特奥班的康复器材室，那是在社区一栋四层楼顶上面搭建的百余平米的钢结构房，清瘦干练的王华革在这里义务工作了 8 年。

“袁冶 3 岁时不会喊妈妈，4 岁还不会走路，5 岁时上不了幼儿园，6 岁了还走不稳路，7 岁时用鸭子步跑。”王华革回忆，袁冶小时候经常受别的孩子嘲笑，偶尔有人还朝他吐唾沫，她觉得做人总要有点志气。

袁冶 8 岁那年，王华革和爱人商量，决定除了日常的康复训练及学习外，还教他打乒乓球，训练他的身体协调能力，为此，王华革在家里添置了球桌。滑步、交叉步、握拍、击球、拉球……千万次地反复练习，终有回报。20 多年来，在父母的帮助下，袁冶克服多种困难和压力，勇于付出，坚持体育锻炼和较规范、系统的乒乓球训练，在肢体的平衡、协调能力和乒乓球水平等方面都取得了较大的改善。

袁冶是襄阳市第一个参加特奥比赛的运动员，从 1996 年开始，他先后代表湖北省参加了在上海举行的第一届亚太地区特殊奥林匹克运动会、第二十二届香港特殊奥运会城市邀请赛及第三、第四两届全国特殊奥林匹克运动会，并取得不错的成绩(金、银、铜奖均有)。2006 年，袁冶先后被评为“全国优秀特奥运动员”及“第四届特奥会乒乓球优秀运动员”。袁冶的智商虽不到 40，但参加特奥比赛，不仅进一步提高了他的竞技水平，而且使他的生活自理能力和社会交往能力有了显著的增强。

王华革一家人因把智障儿子袁冶培养成一名优秀的特奥运动员，在辖区居民中远近闻名，当他们看到其他智残孩子家长的忧郁无奈，仿佛看到了多年前的自己。爱在“社区”延伸，在爱人的支持下，2006 年，王华革牵头在铁路社区筹建了特奥班，让自己的孩子跟其他孩子一起练习手风琴、画画、唱歌等。他们有教无类，诲人不倦，从教练到陪练，再到室内保洁。他们事无巨细，躬亲垂范，一干就是 7 年。

大家共同努力，特奥班的学生袁冶、彭亮成为全国特奥会冠军，严阳、熊俊军成为省特奥会冠军，赵磊在湖北省智障协会举办的红歌大赛中取得第一，还有李帅、张君、刘杨等都学会了不同的才艺。

如今 8 年过去了，特奥班先后接纳了 80 余名脑瘫、智障儿，其父母们也纷纷加入了“义工爱心妈妈团队”。在王华革的带领下，樊城旭东路社区、襄城新街社区相继成立了“阳光家园”，为残障人士提供免费康复训练。

随着智障孩子的增加，根据每个孩子兴趣爱好的不同，王华革因材施教，有针对性地制定出各种学习方案。王华革用自己美术方面的专业知识，开设以“画小鸟，折小船”为主的简易训练动手能力的课程，并挖掘各类有特长的志愿者，组建义工老师团队。王华革动员自己的爱人袁老师参与教学，协助其他志愿者开展教学活动。在她的影响下，严老师用培养特奥冠军的方法，对智障孩子进行有针对的康复及运动技能训练；歌舞才艺俱佳的涂老师带大家弹琴，唱歌；高中毕业的肢残青年刘培也自愿当起了教语言的老师。从此，社区志愿者队伍渐渐步入多样化、专业化、正规化的轨道。

叶萍　摄

今年，旭东路社区对“阳光家园”进行了扩建，内设康复室、心理室、书画、阅览室、文体活动区、手工制作大厅、配餐室、餐厅、盲人电影院及多媒体多功能厅，是目前襄阳市区规模最大、环境优越、设施配备齐全的日间照料站。可为200名残疾人提供康复训练、心理疏导、文娱活动和手工制作等娱疗、工疗、心疗等全方位教育康复活动。

成长路上　母爱相伴

一次襄阳残疾人文艺汇演，32岁的袁冶走上了舞台，表演小提琴独奏《梁祝》。王华革：“你是最棒的，孩子，真棒！下次还努力好不好？真棒，终于拉下来了。”台上一分钟，台下十年功。对智障孩子而言，三年学会拉五首小提琴曲子，《梁祝》这一首曲子就要花上一年时间。

现场的一位爱心妈妈说：“袁冶拉提琴跟我笛子一起演奏《梁祝》，配合的非常好，他虽然说不出来，但是悟性很高，能分辨，他在前，我在后，演奏时候一点都不乱。”

19岁的肖世杰由于脑瘫，造成四肢协调能力差，痉挛严重，走路只能踮着脚。7岁时，肖世杰在武汉做了肌腱延长手术，他走路有了很大的改善，但两腿弯曲依然十分严重。一位脑瘫专家坦白地告诉周桂兰一个事实：这病从根本上是治不好的，只能通过康复训练得到改善。在多方打听后，周桂兰带着儿子来到铁路社区的“阳光家园”，做康复训练。

王华革在和肖世杰的接触中注意到，他智力没有问题，身体条件也适合游泳。于是，在2012年冬天，当省残联到襄阳招收残疾人运动员时，王华革把肖世杰推荐到省里学习游泳。王华革说：“对于脑瘫患者来说，游泳可以缓解痉挛，增强肌力，改善协调性，提高平衡能力，尤其对患者的智力、语言、个性的发展都有极大好处。”

游泳，对于正常人来说都有一定的困难，何况从未下过水的脑瘫患者呢？由于肖世杰下肢肌肉萎缩，协调能力很差，最初只能用手扶着泳池的边。时间长了，手和膝盖都磨破了。尽管吃尽苦头，肖世杰却喜欢在水中，享受前所未有的自由和轻松。功夫不负有心人，经过一个多月的训练，肖世杰终于借助背板学会了游泳。2014年5月份，肖世杰再次去武汉集训，可以不借助工具游泳。如今，肖世杰身体比过去强壮了许多，性格也更加活泼开朗。说到儿子的巨大变化，母亲周桂兰的脸上露出了难得的笑容。她说："真没想到儿子变化这么大，让我非常欣慰。我不在乎他获得什么荣誉，重要的是能通过运动获得自信和希望。"同样，遇见"王妈妈"，让刘杨的人生也发生了改变。

1982年，刘杨出生。4岁那年，他高烧不退，烧坏了大脑。在刘杨9岁那年，父亲因公殉职，3年后，母亲因病去世。随后，年过八旬的奶奶从农村来到襄阳照顾他。奶奶年事已高，照顾孙子非常吃力。刘杨的不幸经历受到铁路社区的关注，2007年3月，社区干部将刘杨送进了阳光家园。

其他人开心学习时，刘杨却躲在一边，性格内向的他没有融入集体中，这一幕被王华革看见。她了解刘杨的经历后，知道他一直缺少关爱。

如何走进他的内心？王华革绞尽脑汁。每次康复训练时，她都会与他单独聊天。渐渐地，两人熟络起来，她觉得他像自己的亲生儿子。有一天，王华革对刘杨说："刘杨，我就是你妈妈。""妈妈。"刘杨毫不犹豫地喊了出来。听到这喊声，王华革激动不已。就是在这天，王华革做出了个决定：将刘杨带回家中，像对待儿子一样对待他。

在王华革家中，刘杨正伏在桌前画荷花。"这里需要再勾勒一下。"王华革正在一旁辅导。桌子上有一幅画，栩栩如生的牡丹跃然纸上，这是刘杨的作品。刚学画画时，刘杨连铅笔都拿不稳，王华革一遍遍地矫正。次数多了，刘杨有些不耐烦。看着皱着眉头的刘杨，王华革总是耐心教育："孩子，别烦，这是基本功，你要好好学。"

刘杨有了进步，王华革教他画国画。但画国画需要专业画画工具，刘杨无力负担。王华革自掏腰包给他买来工具。除了画画，刘杨还会剪纸。初学时，刘杨经常会剪破手指。王华革发现后，总会给他敷上药，贴创口贴。如今，刘杨成了活动室里的“剪纸王”。

在王华革的精心培养下，智障的刘杨有了一番作为。2014 年刘杨的作品被送往省残联展出，社区也给刘杨开个人画展。

刘杨的剪纸能卖钱。他也学会了感恩，他将这笔收入捐给活动室当经费。母亲节时，刘杨将亲手画的一把扇子，送给了王华革。他说：“夏天快到了，妈妈能用扇子驱赶炎热。”

在义工老师的帮助下，每个特奥班的学生找到了方向，阳光洒满每个角落。

“作为父母，既然我们把孩子带到这个世界，就要全心全意地照顾他，培养他，尽我们最大努力，让他有尊严地活着。”王华革说。

黄冈　王金初

虽无壮举也风流

一个平凡的五口之家，家中有这样一位妻子，为了心中的大爱，只为了你过得比我好；有这样一位丈夫为支持妻子的工作，腰部摔伤，自此离开心爱的三尺讲台，一心一意地为妻子操持家务；有这样一位儿子为了实现母亲的愿望，毅然卖掉自己的新房，交给母亲作为村里养猪场的周转资金；有这样一位儿媳，是因为这个家庭的高尚品德，不顾父母的劝阻，走入了这个家庭；有这样一位孙子，在他的眼里奶奶总是这么忙，不像其他奶奶那样整天围着孙子转。

就是这样一个平凡的家庭，却几十年来始终将乡亲们的点点滴滴刻在心里，操劳奔忙于贫困的村落之间，这就是湖北省黄冈市英山县温泉镇的王金初家。

用真情携手共度35个春秋

1979年，百丈河村女青年王金初与邻村小伙吴建生经人介绍，在交往中互生爱恋，携手走进婚姻的殿堂。

婚后，为了让王金初安心照顾自己的母亲，本是住在邻村，在学校任教的吴建生将家搬到了百丈河村。从此，夫妻二人就在百丈河村安家落户。1980年，他们爱情的结晶——儿子吴桐出生，一

叶萍　摄

个幸福的小家在清凌凌的百丈河畔如莲花般盛开，沁人心脾，弥香久远。

35年来，王金初从一名村里的赤脚医生成长为一名全国人大代表、优秀的村党支部书记、村妇代会主任。这一切，离不开王金初的努力，更离不开丈夫的支持。

1991~2001年王金初担任村支部书记，是村里发展最困难的时期。每年年底村干部工资没有着落，王金初都是用丈夫年终兑现的工资来支付。为了村里土地流转改种茶叶购买茶苗，吴建生用自己的人脉关系，三天之内为村里借现金两万多元。

2008年7月，吴建生看到全体村民入股建设的万头养猪场工期紧，就在暑假期间免费当起义工。在修建养殖场沼气池时，不幸的事发生了，吴建生从五米多高的架子上摔到水泥地上，经医院检查诊断为腰椎粉碎性骨折。在病床上，王金初拉着吴建生的手说："老吴，是我拖累了你，对不起……"吴建生微笑着说："没事的，我能为你分担点负担、做点事是我心甘情愿的，就是摔伤了也值呀。"

自此，吴建生离开了他所喜爱的三尺讲台，在家一心一意地为王金初当好"贤内助"。几年来，吴建生就一直围着王金初转，既是她外出工作、走村串户的司机，又是为她出谋划策、撰写请示报告的秘书，也是为她承担家务、照顾老人孩子的服务员。

一个成功的女人背后得有一个全心全意支持她、爱护她的男人。吴建生常对王金初说的一句话是："村子的命运是与我们家庭的命运联系在一起的，每天看你高高兴兴地回家，我们全家都跟着你高兴，只要你每天过得好好的，我们也就过得好。"35年来，他们就这样相濡以沫，互相扶持，用自己的行动诠地着对对方的爱。

村民们在傍晚时分经常能看见王金初和吴建生手牵着手，在村里新修的水泥路上慢慢地散步，脸上流露着温柔的微笑，温暖的夕阳照着他们的身影是那么的美丽和幸福。这样的幸福也感染着村民，百丈河村24年来没有出现一对夫妻离婚。

用行动诠释家庭的美德

2009年腊月，万头养猪场建设资金相当紧张，无法周转。情急之中，王金初想到了儿子在县城买的商品房，可王金初知道这是儿子儿媳好不容易刚刚买下的房子，她如何开得了口啊！看到王金初心事重重，几次欲言又止的样子，儿子似乎感觉到了什么，他说："妈，是不是村里资金周转有困难？是不是想让我帮忙？"王金初看到儿子看穿了她的心事，就将打算和盘托出。俗话说，有其母必有其子。儿子二话没说，第三天他就将卖房的24万元钱交给了村里的会计。村里的难关是渡过了，但是，儿子儿媳蜗居在租来的40多平方米的房子里，一住就是两年。为此，王金初对儿子儿媳满是愧疚。儿媳高水波对王金初说："妈，当年我不顾父母的反对，坚持要嫁进您家，正是因为看中了您们这个家庭的美德，如今我也能像您们一样，为村里作点贡献，我心里很高兴，卖掉房子，我无怨无悔。"

在王金初的影响下，他们全家都无怨无悔地为村里做贡献，为村民做牺牲，同时也在她的影响下，一家始终保持着热爱学习的良好习惯。王金初常说："爱学习不落后，爱劳动有饭吃。"第一次参加全国"两会"时，人们听不懂她的发言，要靠别人翻译。为了当好代表，较好地反映群众心声，王金初这个50多岁的人一回家就学习普通话。作为人民教师的吴建生自然成了她的老师，从汉语拼音开始耐心教她，不会的就写在小卡片上让她随身携带、随时练习。如今，她已经能够比较流利地用普通话交流了。更让人惊叹不已的是，现在她的一家都在努力学习英文，上小学的孙子每天放学回家就将新学习的英文单词和日常用语教给爷爷奶奶，让他们有"国际范儿"。

王金初作为全国人大代表，为了提出合理化建议，她总是一丝不苟地学习各类知识，遇到不理解的，她就会虚心请教，认真琢磨，常常学到晚上十一二点还不休息，早上四点钟就起来接着思考，直到完全弄通弄懂，村民们戏谑地称呼她为“王半夜”、“王五更”或“王拼命”。家里人为了准确地解答她提出的问题，同时受到她的感染，也养成了勤奋学习的好习惯。

王金初和她的家人，就是这样用行动诠释家庭的美德，他们拥有强烈的慈悲之心、助人之怀。村民查保蓉有智障，丈夫过世早，家里很困难，两个孩子的学费成了问题。王金初在家人的支持下，自己掏钱为两个孩子交学费。为了让她们母子早日从危房中搬离，王金初 6 次到湖北省妇女联合会争取安居工程，最终为查保蓉家争取到一万元的单身特困母亲救助款，帮她家盖起了两层楼的新房子。村民张细芹丈夫早年病逝，经济十分困难，王金初想尽办法帮助她，让她的孩子念完大学。2011 年张细芹不幸患上乳腺癌，王金初帮她筹措资金、找医生，做完手术后还经常上门与她谈心，逗她开心，使她重树对生活的信心。村民高庆树的孩子生下来缺氧，她就嘴对嘴地吸出孩子口腔里的滞留物，救活了这条小生命……

几十年来，全村 200 多户人家，都分享过王金初和她的家庭的真情付出。正是他们不计得失、不计荣辱、拼命苦干、真心为民的作风，让这个散乱之村重新凝聚起来，成为了富裕村、文明村。

用大爱温暖大家

1991 年，36 岁的王金初经组织推荐和民主选举，走上了百丈河村党支部书记兼村委会主任的岗位。那时的百丈河村，路是“羊肠子”，屋是“土坯子”，集体经济是“空壳子”，村里打架斗殴成风，上访告状不断。全村不到 800 人，却负债 50 多万元。1981～1990 年 9 年间，就换了 7 位村支书。

王金初上任于危难之际。上任伊始，王金初就大刀阔斧地改革，大力整顿财务，压缩债务，大力推行产业结构调整，不折不扣地完成国家税费任务。王金初雷厉风行、不遗余力的工作作风，让那些拖沓惯了的村民很不适应，甚至积怨记恨。

不久，王金初家里养的鸡、猪、蚕被怀恨在心的村民毒死了；田里的庄稼和带头新种的茶苗被连根拔起；家里的电视机被人用竹篙捅到地上砸坏了。竟还有人连王金初栖身的三间房子都不放过，1996 年 3 月 16 日，当她外出家里无人时，三间房子被人一把火烧得精光！

20 多年的心血付之一炬。70 多岁的老母亲流着泪，嘶哑着声音央求她："女儿啊，别强撑了，不干这得罪人的差事了，回家过几天安稳日子吧！"吴建生一句话都没说，他与村民一道默默地往外搬着烧焦的、还在冒烟的家具，脸上却写满了凄凉。

在迷茫、困惑、悲愤之余，王金初差一点打了退堂鼓。然而，在中学教语文的吴建生告诉她："海纳百川，有容乃大；壁立千仞，无欲则刚。"儿子也跟她说："妈妈，是您的工作没有做好，太过于激进了，让村民产生了误会，您应该自己承担这个责任！只有心里真正装着百姓，把百姓放在第一位，才能受到人们的真心爱戴，才能当好新农村建设的带头人！"

就这样，王金初不仅原谅了村民对她的不敬，她还起早贪黑挨家挨户做思想工作，讲政策、做示范……

1994 年 6 月，百丈河村遭受了一场罕见的暴雨，冲毁水田 100 亩，直接经济损失近 20 万元，原本贫困的村民更是雪上加霜。为了尽快恢复生产，帮助村民渡过难关，王金初在家人的支持下，拿出自己家全部积蓄并借款，共凑齐 5 万元购买了炸药雷管、水泥等物资，带领村民苦战 40 天，让全村迅速恢复了生产。而为了偿还以前欠下的债务，多年来，她没有领一分钱的工资，全家人仅靠丈夫微薄的工资勉强维持生活。

要发展，就要找准路子。一家人通过电视、报纸、网络等多种方式帮王金初搜集致富经验、强农惠农政策，丈夫和儿子还经常动用"私人关系"向别人取经，征集各方意见，提出了调整产业的想法。于是，王金初利用当地山清水秀、环境好的特点，大力发展生态茶园 500 亩，并建成了 1000 平方米的高标准茶叶生产厂。

万事开头难，刚开始种茶缺技术，请茶叶专家为村民培训的费用是王金初自掏腰包。2000 年春，她费尽周折从县财政局争取到 10 万株无性系茶苗，需要付一万多元钱，为此，她私人向信用社贷款 1 万元。茶苗买回时，正值酷暑季节，王金初顶着烈日，带着年轻人从河沟里挑水往茶地里浇。由于疲劳过度，她一头栽倒在茶地里，一躺就是 10 多天。

功夫不负有心人。在王金初及村民的努力下，茶树成活率高达 99%，被茶叶专家称为“奇迹”。如今，全村共发展无公害茶叶基地 460 亩，实现每户平均 1.5 亩茶。仅茶叶一项，每户平均增收近万元。今日的百丈村，已成为全县有名的种植茶叶村。

村里经济条件好转，家人又经过多方考察，为王金初谋划发展思路。2003 年，她在村里推行“移民新村建设”，帮助全村四分之三的村民圆了楼房梦，使 60%的农户用上了沼气；2008 年创办了创业基地——万头生猪养殖场。养殖场正一天一天按照设想建设，王金初却累倒了。2008~2012 年五年间，她先后做了 8 次手术。她的家人不但不抱怨，反而更加悉心地照顾她，只希望她早日康复，尽快投入到工作中，早日实现全村人脱贫致富的梦想。当王金初累倒的时候，村民自发为她捐款治病，点药熬药，动情地跟她说：“我们不能没有你。”王金初回答：“只要你们过得好，我就是累死，也心甘情愿。”

俗话说：“世上无难事，只怕有心人。”2009 年全国两会期间，王金初受 89 岁的村民田桂花所托，将老人满怀深情、一针一线绣出的鞋垫送给温家宝总理，表达农民对总理的热爱。此事立即被传为佳话，一回村，王金初便听从儿子的建议，注册了田桂花商标。随后又积极招商引资，投资 500 万元办起了田桂花鞋业加工厂，带动就业 200 余人。2009 年，获悉台湾商人李明锡正在选址建鞋厂，王金初先后 8 次亲赴广东与他洽谈，最终，她的质朴和执著精神打动了李明锡。2012 年，投资 5000 万元的承庆鞋业落户英山县，第一期工程完工就吸收本村及邻村村民 500 余人就业，推动了英山县经济的发展。

由于产业支撑，百丈河村青壮年外出打工的比例只有 25%，从而减少了留守儿童、妇女和老人的产生，让村民生活幸福。2013 年，百丈河村人均纯收入高达 10060 元，仅户均两亩绿茶的收入就将近一万元。经过几十年的打拼，贫穷的山村发生了翻天覆地的变化。如今，这个依山而建的美丽村庄，每到黄昏之际，伴着欢快的乐曲，妇女们就会跳起广场舞，她们的幸福洋溢在脸上，引得邻村的妇女们也加入进来。山乡的黄昏，成为一道醉人的风景线。

恩施　杨爱华

爱托起成长的蓝天

美丽的利川星斗山脚下，有一位普通的女共产党员，她用爱心为留守儿童筑起了一个温暖的家。这个家是留守孩子的乐土，更是他们心灵的港湾，这个家的主人叫杨爱华，孩子们都叫她“爱心妈妈”。

不折不扣的家

家住恩施州毛坝镇的杨爱华是一个普通的农村妇女，丈夫谢宏是一名小学教师，两人育有一子，与80多岁的公公一起生活。

2003年，一个叫饶友龙的男孩让杨爱华萌生了办托管中心的念头。饶友龙两岁时父母离异，母亲不知去向，父亲外出打工，因爷爷奶奶年老无力照顾而失学，杨爱华打心底为他着急，一个念头由此萌发：办托管中心，解决打工农民的后顾之忧，让留守儿童有个家。“我先生是毛坝小学的一名教师，他时常跟我说起学校一些留守孩子无人照管的困境。我听了之后心里特别难受，就动了念头想创办一个儿童托管中心，为留守儿童做点事情。”杨爱华回忆说，娓娓道出办托管中心的初衷。

杨爱华的想法得到丈夫谢宏的支持，夫妻俩忍痛关闭了生意兴隆的小餐馆，杨爱华把餐馆和家里三层自建房的空余房间打扫出来

詹长久　摄

改装成学生寝室、学习室、食堂和娱乐场所，同时购置了床铺、桌凳、乐器、书籍和玩具。在学校开学的前两天，杨爱华在家门口贴出了招收“留守学生”的广告。她将留守孩子托管中心取名为“蓝天”，意在为“留守孩子”托起一片蓝天。以“服务至上、微利经营、全面管理、促进成长”为办中心宗旨，第一学期招到 18 个孩子，最多的一年住进来了 56 个孩子。建托管中心初期，到托管中心来的学生每月只需交 110 元，就可在这里吃住，接受课外辅导和家庭教育，做这种贴本的生意，让好多人不理解。杨爱华却说：“能给孩子们一个家，让他们在这个家庭健康成长，比给我一座金山还珍贵。”杨爱华一家是这样说的，也是这样做的。

在办托管中心的过程中，杨爱华逐步总结经验，努力把这些孩子带好，让他们在托管中心行为习惯、学习成绩都能得到一定的进步。她不但给孩子们讲解日常的家庭作业，还教他们做人的道理，为他们抹掉因为留守而出现的心理阴影。

杨爱华说，这些年虽然辛苦，很平凡，做的是一些琐碎的事情，但是我觉得过得很充实，因为自己做的是一件有意义的事情。如今，托管中心的50多名“留守儿童”享受着杨爱华母亲般的爱，渐渐地对她产生了依赖。这些年来，杨爱华的爱心、责任心、事业心得到了各级领导和社会各界的好评。

11年来，“蓝天儿童托管中心”托管了1000余名留守儿童，其中，最小的6岁，最大的12岁，吃饭、睡觉、做作业……这里已然是留守儿童不折不扣的家。

恩施州的首次义演

每天天一亮，谢宏就得挨个叫孩子们起床，招呼孩子们洗漱，杨爱华则忙着给他们做早餐。最初，20多个孩子早上起床会乱成一锅粥，不愿起床的、穿衣服拖拉的、上厕所打架的、吃饭嬉闹的……“让他们去上学，真不是件容易的事！”杨爱华说，孩子们上学去了，丈夫也到学校上班了，杨爱华赶紧打扫卫生、刷锅洗碗，上街买菜准备做中饭。下午稍有点时间，杨爱华又想到孩子们的床铺没有叠，起床时他们基本上都是“一脚蹬”，被子乱成一团。孩子放学后，吃晚饭、收拾餐桌、陪孩子们做作业、看书、下棋、弹琴，给他们钉衣扣，教他们洗衣服；安排孩子睡觉，半夜起床为孩子们盖被子……一切按程序“上演”，这一“演”就是11年。

谢宏是教师，辅导孩子们的作业自然而然地落到他身上，每天孩子放学回来，他就得挨个辅导检查作业，这个孩子字少写了一笔，那个孩子不会拼音，给孩子们“开小灶”补习功课是常有的事，20多个孩子的作业辅导完，孩子们该睡觉了，睡觉的时候，孩子们还很“兴奋”，讲话的大有人在，杨爱华夫妻俩好不容易让他们安静地入睡了，半夜还得叫需要“起夜”的孩子上厕所，不然床上就会有“地图”了。

这就是杨爱华的一天。

12岁的马晓君是恩施州首场爱心义演《女孩，别哭》中的主角，这场义演的背后是杨爱华用母爱演绎的人间真情。

马晓君是利川市毛坝小学五年级学生，患有先天性心脏病。当初，马晓君的家长慕名将她送到托管中心。为照顾马晓君，杨爱华专门向医生咨询，给她单独安排了床位，给予特别的关照。

因为先天性心脏病发作，马晓君被送进利川市人民医院抢救，昏迷四个昼夜后，又转入恩施州中心医院。只有尽快手术，才可能挽救这个垂危的生命，但心脏手术需要10多万元的医疗费，这对一个普通农家来说，显然无法承受。

为了救助这个孩子，杨爱华求助恩施电视台举办了该州的首场爱心义演。2006年，一场名为《女孩，别哭》的爱心义演晚会拉开帷幕。没有华丽的包装，但当地歌手们饱含深情的歌声，诠释出了人们发自内心的爱。那场义演晚会，社会各界为马晓君捐了善款5万多元。

马晓君在州中心医院治疗，杨爱华每天都给她打电话。几个月下来，杨爱华忙里忙外病了一场。马晓君手术醒来，虚弱的她执意拿起电话要打给爱心妈妈：“妈妈，请你放心，我没事了。”听到马晓君声音那一刻，杨爱华热泪盈眶。

朱铁容　摄

和晓君不一样，云茜是个性格孤僻、学习不用功的孩子。到托管中心以后，杨爱华为她讲有趣的故事，给她洗头，教她绘画。在杨爱华的陪伴下，小云茜性格日渐开朗，托管中心常常响起她的歌声和笑声。

农村留守儿童是一个特殊群体。仅恩施土家族苗族自治州现有留守儿童就达13.8万人，占中小学生总数的26.72%。留守儿童由于长期被托养或寄养，缺少父母关爱，面临教育、生活、社会关爱等多种问题，46岁的杨爱华说，她做不了惊天动地的大事，但可以持之以恒地做力所能及的小事。

把这条路继续走下去

“杨孃孃，你什么时候回来呀？我想你了。”在杨爱华代表恩施州到武汉参加湖北省人大会议的时候，接到住在托管中心的留守儿童梁双双的电话。“孃孃”是利川方言中对姑姑的称谓。“托管中心的孩子们都叫我‘孃孃’，我感觉很亲近，就像我是他们的亲姑姑一样。”

孩子这么亲，是因为除了让托管中心的孩子们吃饱穿暖，更要关心他们的心理健康。杨爱华对孩子们视如己出，不但精心照顾孩子们的一日三餐，生活起居，还要充当“家庭教师”和“调解员”。杨爱华说，和留守儿童交流，非常需要技巧。留守儿童内心十分脆弱，许多孩子性格孤僻、自卑、厌学。为了走进孩子们的内心，杨爱华尝试过很多方法，孤僻的孩子慢慢变得开朗、合群起来，杨爱华还让自己的孩子也和这些留守儿童同吃同住。

“孩子的心理健康很重要。”杨爱华说，孩子在成长过程中难免会犯错，关键是及时纠正。六年级学生小成学习成绩差，又爱惹事，还把家里给的生活费拿去结交校外“朋友”，得知这些情况后，杨爱华没有责怪他，而是每天晚上都和他谈心，与他交朋友，给他讲爱听的故事，陪他看动画片。谢宏给小成补习功课，陪他玩，渐渐地小成与校外“朋友”没了联系，离开托管中心的那天，他像离开

叶萍　摄

自己的家一样，站在房间里久久不愿离去。

“托管中心不能代替孩子的家庭，我也不能取代妈妈在孩子心中的地位。”杨爱华说，有几个孩子不愿接爸爸妈妈打来的电话，这让她意识到，加强孩子与父母的感情很重要，于是杨爱华开始有计划地安排孩子们与父母通电话，还争取到政府支持的 4 台电脑，让他们在网上和父母交流。杨爱华的公公则会在孩子们玩耍的时候，传授一些传统的道德教育，帮助孩子们树立正确的价值观。

作为湖北省人大代表的杨爱华在湖北省两会期间呼吁，要加快完善关于关爱留守儿童的各项法律法规和政策，落实负责关爱留守儿童的职能机构。她同时建议，应该积极鼓励民间资金和社会力量兴办留守儿童托管服务机构，利用社会优质资源切实为农村留守儿童提供高质量的健康成长服务。

办留守儿童托管中心并不是一帆风顺。虽然孩子们在这里生活得无忧无虑，杨爱华和丈夫谢宏却没能这么轻松。建托管中心初期，每个孩子 110 元的生活费，入不敷出让托管中心出现了经济危机，谢宏教师工资原本就不高，杨爱华基本没有收入，费心费力反而“倒贴”，夫妻俩心里打起了“鼓”。“我们都是党员，无私奉献是我们的光荣，做任何事情困难肯定有，但不能一遇到困难就放弃。”杨爱华的公公鼓励他们把这条路继续走下去，当得知孩子差睡床，年迈的公公毅然上山剐棕做棕垫子，还把家里的床搬去给孩子们用。为了节约开支，让孩子们吃的更健康，杨爱华的公公老两口还搬回老家种“田土”，托管中心的大米、猪肉、蔬菜都由他们免费提供，直到 2014 年婆婆去世后，公公才同意搬到杨爱华家一起生活。

“尽管办学中遇到许多困难，但有家人的支持、家长的认可和孩子们的笑脸，再难我也会坚持下去。”杨爱华说。

如今从这里走出的牟明、朱红文等第一批孩子已经上大学了。

每接管一个孩子，肩上就多一份责任，杨爱华一家敢于承担风险，挑起照顾他们的重担，以小家的默默奉献，温暖了 1000 多个孩子的童年时光。

荆门　王维田

三十六载护瘫妻

正所谓“十年修得同船渡，百年修得共枕眠”，能结为夫妻是一种缘分。王维田是荆门市子陵铺镇人，刘玉金的丈夫。61岁的刘玉金，已瘫痪在床35年。在她几乎崩溃的时候，丈夫王维田勇敢地成为了妻子的精神支柱，守在她身边，悉心照料30余年。

丈夫是她的守护神

1973年，21岁的王维田与20岁的刘玉金刚结婚，日子虽然平淡，却充满幸福和甜蜜。他们相继生下了两个女儿。正当他们还沉浸在为人父、为人母的喜悦之中时，一场厄运却悄悄向他们逼近。

1978年8月16日，26岁的光华大队(现华阳村)妇女主任刘玉金跟往常一样与社员们一起用溜筛筛稻谷。站在溜筛梯子上的刘玉金，接过递上来的一满簸箕稻谷正要往谷斗里倒。可是，脚下梯子突然下滑，刘玉金被卡在了梯子和筛子中间，装满稻谷的筛斗也重重地压在了她嫩弱的腰背上。

刘玉金立即被送往医院，检查结果出来，腰椎骨大面积断裂，身子只能靠钢板固定。县医院的医生告诉他们：如果恢复得好，走路还有希望；如果恢复得不好，没法下床走路，背上的钢板也就不

王荣轩　摄

能取了。在王维田的细心照料下，刘金玉在家积极治疗。半年后，他们抱着希望到荆州一家医院复查。然而，“截瘫”的复诊结果，让刘玉金彻底灰心绝望：自己成了一个“活着的死人”了。

回家后，刘玉金一度失去了活下去的信心。突发的灾难也一下子击懵了王维田这个敦厚的农家汉子，一家四口，夫妻恩爱，家庭和美。谁料到天降横祸，莫非老天亦生妒忌之心？

然而，所有的埋怨都是枉然，所有的叹息也毫无意义，上天如此安排，大概就是考验我们的爱情吧，一个真正的男人就应该有身为丈夫和父亲的担当。从此，王维田擦干泪水，洗净忧伤，脸上重现昔日的笑容，他知道，他要好好地陪伴爱妻，一直到老。

受伤后，刘玉金吃喝拉撒都在床上，王维田整日整夜地在身边照护她。她大小便失禁，他就像照顾婴儿一样端屎端尿。为了转移刘玉金的注意力，王维田到处找书、报纸来读给她听，还经常唱歌为她消愁解闷。

1982 年，王维田从荆门花 300 多元赊回一台 14 寸黑白电视机，摆到了刘玉金的床前，让她能看到外面的世界。而赊电视的钱，是王维田打了一年零工才还上的。王维田说，当时电视机特别少，还蛮稀奇，有蛮多人陪着看。有人陪着，刘玉金的心情渐渐好转起来。

病情稳定后，洗脸，擦身子，按摩，喂饭，抱她上厕所，再抱回床上，擦洗，按摩……如此三番。这是王维田每天护理妻子必须的程序；此外，讲故事，说笑话，逗她开心，也必不可少。至于其他农活，如喂猪、挖田、种菜等，王维田只要有空就做，无论早晚，不分时段。

一年过去，刘玉金的心情阴晴不定；两年过去，刘玉金的脸上笑容初绽；三年过去，刘玉金的笑声出现……

十年过去，刘玉金的内心充满阳光；20 年过去，刘玉金的脸上绽放红晕；30 年过去，刘玉金的笑声温润甜美……

如今已有 36 个春秋，刘玉金虽始终没有站起来，她再也没有一丝哀叹。她说："我对不起阿田，现在我们都 60 多岁了，我一直叫他阿田，每这样叫一声时，我的内心就无比甜蜜。30 多年来，我有时也曾想了结自己的生命，好让他活得轻松些，可他总是劝我，如果我这样做了，他也不活了，他说他活着是因为我活着。所以为了他，我得活着，并且活得精神，活得让他每天为我少操点心，哪怕只有一点点。"

王维田深知，他是妻子活下去的唯一理由，也是她精神上的唯一支柱。虽说有两个女儿，如今都已远嫁他乡。在这个家里，他是唯一不能垮的，无论身体还是精神，再苦再难他得咬牙挺着。分量是责，担子是爱，所以，36 年来，他从不敢在外面多逗留一会儿，从没有板过一次脸，从没有发一声叹息，从不敢多喝一口酒。他知道，刘玉金需要一个守护神，而他就应该是这尊守护神，他要时刻守护在妻子身边，给她活着的意志与力量；他要给她的内心永远点亮一盏灯，让她看到他们在衰老的过程中，两人在一起的日子永远温暖如春。

苦难中撑起这个家

刘玉金的瘫痪对这个家庭无疑是一个巨大的打击，生活的重担一下全都落在了王维田的肩上。王维田，一个大男人，家里里里外外都要靠他拾掇，既要烧火做饭、伺候妻子穿衣、洗漱、喂她吃饭，又要照顾两个女儿的生活，还要挣钱养家、供两个女儿读书，生活的艰辛不言而喻。

物质上的拮据、精神上的重压和生活上的困苦常常压得王维田喘不过来气，可是他从来没有对生活失去信心。他忙时种地，闲时做工，家里还喂了猪，努力撑起了这个家。大哥王维玉还送来一台手工车床，王维田就在病床边学做车床柱、小圆桌腿之类的家具部件，一副挣上六七块钱。有时他腌一些鸭蛋卖。

1985 年，一直做些散活的王维田决定开个杂货店。一来可以挣点收入，二来他可以一直在家，方便照顾妻子，三来店子里时不时来个人，能与妻子说话解闷。王维田与妻子刘玉金商量，刘金玉完全支持丈夫的决定。王维田说干就干，四处拣了一些半头砖回来，在万八路边盖了两间简易房。他又在信用社里贷了 500 元钱，在店里摆上一张旧桌子和一个旧衣柜，杂货店就开张了。在这个 60 多平方米的杂货店，夫妻俩吃住都在这里。货物不能像其他店子那样摆放有序。平时有人来买东西，基本上都是自己拿了自己装，刘玉金只能坐在床上收下钱。

那时，王维田经常要骑自行车到 20 多公里远的冷水批货回来卖。曾当过生产队长的老党员陈家祥说：“来回进货，王维田的自行车都骑坏了 4 辆！”

辛勤的劳动终于换来丰厚的回报。1998 年王维田花 3 万多元，在老地方盖起一栋一层半的房子，扩大了杂货店的规模。

王维田不仅辛勤操持家务，悉心照护瘫痪的妻子，而且还要关心两个女儿的学习和成长。为孩子读书王维田省吃俭用，借钱也要让她们读。让王维田感到欣慰的是，两个女儿都很懂事，也很争气。现在大女儿在深圳神州电脑公司工作多年，小女儿从龙泉中学毕业后保送到西安交通大学学习经济管理，接着攻读系统工程学硕士、博士学位。后来她留学新加坡继续攻读博士，并留在新加坡工作。

今生今世呵护你

每天清早，王维田起床洗漱后做的第一件事，就是给妻子烧洗脸水，然后帮她穿衣服，给她洗漱、擦洗、按摩身体，做早饭给她吃。36 年来，这套“流水线动作”从没变过。为了让妻子增加营养，王维田每天变换着口味做妻子喜欢吃的菜。

刘玉金说：“都这么多年了，一直都是他照顾我，到现在都过了 36 年了。别人出门都是两个人，我们家出门是他一个人，进门是他一个人。36 年来都是他做饭我们吃的，最对不起的就是这些，到现在他患有糖尿病和高血压。”

而王维田则说，“在那个年代，许多人都是包办婚姻，而我们不是，我俩是自由恋爱，是真正相爱。”王维田虽说比刘玉金大一岁，但实际年龄只大一个月，因为一个头年腊月，一个来年正月。两人在一个村子，两小无猜，后来一起上学，长大，时间是爱情的催化剂，如此熟悉的两个人，不因熟悉而生厌，却因熟悉而吸引，爱情的种子竟然在两人间不约而同地发芽、开花、结果。这份爱情，并没有因为灾难而衰减。王维田说：“我不是别无选择，而是我乐意这样选择。由当初恋爱到结婚，我们相互承诺过，会好好地爱对方一生。今天，我们都快老了，再说爱有些好笑，可这是心里话啊。因为这份爱，我从来不觉得她是一个残疾人，我的家也不是残疾的家。”

朱铁容　摄

王维田一直把妻子放在首位，刘玉金只要有点不舒服，他总是请来医生给她诊治，自己有点头疼脑热的，总是拖着扛着。有一年，王维田搭车从山里拖坛子回来卖，路上受了风寒，回家后整夜高烧不退。刘玉金叫他去医院看看，可是他却说睡一觉就好了。第二天，王维田整个人烧得头脑昏沉，浑身酸软无力，却仍挣扎着爬起来为妻子准备早饭。对于王维田的爱护和体贴，刘玉金常常陷入深深的愧疚之中，她觉得对丈夫亏欠太多，从心里感激相依相偎30余载的老伴。

36年的时光倏然而逝。在无法用双腿行走的日子里，刘玉金的两个女儿长大、离开，成家立业。而今，只有忠实的王维田，仍然默默地守候在爱妻刘玉金的身边。

天气晴朗的时候，王维田背着妻子到室外晒太阳，呼吸新鲜空气。忠实的王维田愿意做妻子一辈子的腿。王维田说，照顾刘玉金那么多年了，我会一直照顾到最后。

王维田把妻子的手紧紧攥着，四目相对时，刘玉金的脸上泛起红晕。刘玉金说："我的手现在还白白嫩嫩，你的手老茧脱了一层又一层。"

刘玉金是不幸的，但也是幸福的，因为她遇到一个人，他虽然貌不出众，却有一颗强大的心，他从未对她说"我爱你"，但她分明从他的内心听到了这世界上最温暖的声音：你若不离不弃，我便生死相依。

潜江　关贤芝

撑起孩子人生梦

关贤芝是竹根滩镇一名普普通通的农村妇女。20 多年来，以一个母亲的天性和良知，关爱没有母亲的侄儿侄女，呵护身体残疾的女儿，让他们无忧无虑地度过了幸福的童年，长大成人。

当侄儿的母亲去世，父亲双目失明，还身患坐骨神经、腰肌劳损等多种疾病；当侄女的母亲因病离开人世，父亲因车祸留下了大脑后遗症；当亲生女儿先天性大脑发育不良，直到 20 岁还不会站立、行走，连穿衣、洗澡、上厕所都不能自理的时候，关贤芝没有放弃这三个孩子，而是用母爱温暖着三个孩子的心灵，用柔弱的双肩毅然托起三个孩子的人生梦想。

大嫂去世四年后，圆了侄儿大学梦

关贤芝结婚那年，正是她丈夫的大嫂去世 4 周年。大嫂留下一双儿女，大的不过 10 岁，小的才 7 岁。看到失去母亲的孩子，关贤芝心如刀绞。刚到婆家，关贤芝就自觉当起了大嫂两个儿女的“保姆”，经常帮这两个孩子洗脸梳头，缝补刷洗。遇到走亲访友时，她不忘带上两个孩子。逢年过节，她也不忘给两个孩子扯上两件新衣裳。年幼的侄儿侄女见到关贤芝好像见到亲妈一样，成天围

詹长久　摄

着她，嘴里幺姨幺姨地叫个不停。

1985 年，关贤芝随丈夫来到了竹根滩镇一家村办企业上班。1986 年 9 月，侄儿陈智勇以优异的成绩考入了竹根滩高级中学。陈智勇深知家境困难，根本无法支付高中三年学习的书杂费、住读费、生活费 15000 多元。他本想弃学回乡帮父亲种田养家，可求知的欲望又使他不愿辍学。深夜他一次次哭湿了枕头。无奈之下，他只好怀揣录取通知书，步行 10 公里来到关贤芝家，求叔婶帮他想办法上学。

这年，关贤芝夫妇俩已结婚 6 年，仍没有生育。丈夫每个月才一百多元钱的工资，自己在村办企业一年也只能挣上一两千块钱。望着侄儿求知若渴的眼睛，做婶娘的关贤芝心酸了。她对丈夫说："千穷万苦不能苦了孩子，侄儿有志气，就让他读书吧！"从此，一个不足 30 平方米的单身宿舍多了个读书的孩子。

关贤芝就像慈母一样养育着侄儿。每天早晨上班前，她从食堂里打来一大碗稀饭，自己喝半碗米汤，把粑粑、馍馍和剩下的半碗稀饭留给侄儿。下班后，关贤芝又忙着替侄儿洗衣、做饭。夏天，怕侄儿热了，她把电风扇让出来，自己摇着芭蕉扇。冬天，怕侄儿冻了，她把崭新的棉絮垫在侄儿的床上，自己盖着大衣、破絮。

侄儿高二毕业时，镇干部再也不忍心让一个十七八岁的男孩与叔婶同住一间寝室，便将他安排到镇电影院与干部的孩子们同住一间空房。可是，侄儿离开叔婶才3个月，学习成绩就急剧下降。一天夜晚，关贤芝悄悄地来到电影院，见侄儿正和他的同学们在一起吃零食、喝啤酒、打扑克。关贤芝急得哭了，她拉着侄儿的手说："儿啊，跟姨回去，照这样下去，我不忍心，你亲娘在九泉之下也不瞑目呀。"打这以后，关贤芝再也没让侄儿离开过自己。此后，侄儿学习更加勤奋、刻苦。

1989年7月初，高考即将来临。正巧，那些天侄儿头部长满了疙瘩，几天高烧不止。为了不影响侄儿考试，关贤芝二话不说，把侄儿带到卫生室挂起了吊针。听医生说，一两瓶吊针难以消炎。关贤芝便主动替侄儿预付了三天药费，并叮嘱侄儿连续三个晚上去那里按时挂针。这年高考，陈智勇以总分548分的好成绩考入了桂林电子工业学院。当陈智勇接到大学入学通知书时，眼泪唰唰地流，说："是幺姨养育了我，是幺姨圆了我的大学梦。幺姨比娘都亲，我一辈子也忘不了幺姨的养育之恩！"如今，侄儿已成为桂林科技大学副教授。

病魔夺去二嫂生命后，圆了侄女求学梦

1999年8月7日，关贤芝丈夫的二嫂因患尿毒症离开了人世，侄女陈静又成了一个没妈的孩子。陈静的母亲患病多年，先后在武汉协和医院、沙市医院住院治疗，花费了3万多元，耗尽了家里的积蓄。陈静的父亲1997年因车祸医治花了近万元，才保住了性命。陈静和哥哥还在读书，接连高额治疗费用将本不宽裕的家庭弄得负

债累累。这样一个连生计都难以维持的家庭，哪里还允许陈静去读高中？9月1日开学那天，陈静抱着父亲躲在屋子里哭了半天。

看到与侄女同龄的孩子都报名上学了，关贤芝心里很不是滋味。当天晚上，关贤芝与丈夫谈了半夜。她语重心长地说："侄女是根苗子，还是想法让她读书吧！你去找熟人到学校说说情，看可不可以免掉计外费，再让她爸找亲朋好友借点钱，先凑齐学费再说。"毫无把握的丈夫唉声叹气地说："就是免了计外费，那住读费、生活费咋办？"关贤芝毫不犹豫地说："就让陈静留在我们身边，与我们同锅吃饭。你放心，我保证不会让她饿着。"

9月4日，陈静如愿上学了。关贤芝又像亲娘一样关怀着侄女。一天，侄女感冒了，高烧40度，关贤芝急忙请来医生，自己掏钱付药费，陪侄女一直挂完吊针。那年农历八月十八日，陈静放月假回家。而这天正是陈静16岁生日。关贤芝心想，如果嫂子在世，陈静的生日一定过得很快乐。现在嫂子不在了，我们不能让侄女哭

叶萍　摄

着喊着妈妈过生日。于是，她让丈夫请了假，一起乘车赶到陈静的家里，陪侄女一起庆祝生日，还将50元钱塞给侄女，让她买一件称心的衣服。陈静用颤抖的手捏着那50元钱，热泪盈眶，扑到关贤芝的怀里说："幺姨，你太好了，这世上，您就是我最亲的人。"金钱有价情无价，这哪里是50元钱，这是婶滚烫的心、博大的爱。

陈静从小被父母视为掌上明珠，养成了衣来伸手、饭来张口的习惯。就在她妈妈去世的前几天，她都是和爸妈睡在一张床上。上高中后，陈静仍然比较娇气。衣服脏了丢在婶的床前，鞋子破了也要叫婶帮忙去补。有时吃饭还嫌这怪那。关贤芝却从来不责怪侄女，她常说："侄女这样做，正是把婶当作亲娘了。"

当陈静正在实现着她的大学梦时，关贤芝的女儿陈露已满10岁。陈露因大脑先天性发育不良，仍不能站立、行走，生活完全不能自理。在叔、婶送陈露到武汉矫正医院做手术的那段日子里，为了减轻叔姨俩的负担，陈静毅然辍学，跟随堂姐外出打工，不久便在西安找到了一份称心如意的工作。

自身病痛置于脑后，哺养女儿长成人

结婚8年的关贤芝终于有了自己的孩子。可惜女儿出生第二天便发高烧，等到两三岁时还不能站立、行走。后来到医院检查，才发现女儿大脑发育不良。

为了治好女儿的病，关贤芝和丈夫背着女儿到武汉、郑州等几家医院治疗，花费了几万元仍没有治好。为抚养残疾女儿关贤芝花费了很大的心血，她本人也打消了再生育念头。1993年，一位好心人抱着一个两岁多的孩子来到关贤芝的家里，这位好心人把孩子和孩子父母的情况告诉她了，觉得她一家人心地善良，建议他们收养这个孩子。关贤芝看到这个乖巧伶俐而又十分可怜的孩子，便一把将孩子搂在了怀里。从孩子走进关贤芝家的第一天起，她就把这个孩子当作自己的亲儿子。儿子小时候经常尿床，不管是炎热的夏天，还是寒冷的冬天，她每天都要为儿子换洗床单，更换被褥。儿子上初中那年，在学校上体育课时不小心弄断了胳膊，她每天清早起来帮他穿衣，给他洗脸，背着他的书包送他上学。2012 年，儿子高考成绩不太理想，由于家庭困难，很多人劝她说，叫儿子别读书了，让他学个手艺，早点赚钱，还可以减轻家庭的负担。说实话，当初关贤芝也动摇过，但转念又想，儿子还这么小，既然来到这个家庭，就要对他负责。再说，儿子很聪明，她相信他在学习上有建树。家庭经济再困难，就是砸锅卖铁也要供他读个大学。儿子复读一年后，考取了河南理工大学。

为了维持一家人的生活，也为了支持丈夫的工作，关贤芝放弃了在单位工作的机会。她先后开商店，做早点生意，一边拼命挣钱供儿子读书，一边照顾瘫痪的女儿。20 多年来，她没有逛过街，没有去过大城市，就是潜江城区她每年也只来过一两回。她和丈夫穿着的每件衣服、每双鞋子也只是几十块钱的，像样的衣服和鞋子大多数是侄儿侄女们送的。

由于女儿智力低下，性格倔强，经常抓扯头发，撕烂衣服，咬破手指，关贤芝总是好言劝说，不厌其烦地哄着女儿。

2002 年夏天，关贤芝患上了妇科疾病，每次例假来临时，腹部总要疼痛几天，每次都痛得死去活来。医生反复强调，只有切除卵巢囊肿和子宫，才能解除痛苦。而这年，丈夫又下岗了，靠打工每个月只挣五六百元钱。无奈之下，她选择了大量口服安乃近来止痛的办法。后来，在亲友的劝说和资助下，她才住院做了手术。如今，女儿长大了，体重更沉了，每次背女儿上一次厕所，她的腹部和伤口总要剧痛好一阵。

23 年来，因为照顾弱智瘫痪的女儿，关贤芝脸部被抓伤、膝盖被摔破、腿部被撞青、手腕骨折。关贤芝忍受了疼痛的折磨和内心巨大的痛苦，从不怨天尤人，而是无怨无悔。如今，女儿在关贤芝的悉心照顾下，已经能够做一些力所能及的事，而且非常懂事，懂得回报，懂得感恩。

王荣轩　摄

面对丈夫的愧疚、众人的赞许，关贤芝总是淡淡一笑，她说："生儿育女是女人的天性和良知，我所做的都是一个母亲应该做的。"

母爱无声，大爱无言。正如关贤芝，一名普普通通的农村妇女用博爱温暖了三个不幸的孩子，支撑起了三个破碎的家庭。关贤芝用真心、真情抚养侄儿侄女成人成才，无怨无悔地照料残疾女儿，30年辛苦耕耘，将人世间最伟大的母爱，完美地呈现在人们眼前，受到了社会的好评。

面对家庭的不幸，关贤芝选择了坚强。每每听到那四个懂事的孩子声声叫着"妈妈、妈妈"，关贤芝热泪盈眶，内心感到莫大的欣慰和温暖。

蔡映红　摄

黄冈　徐普查

将爱洒向警营

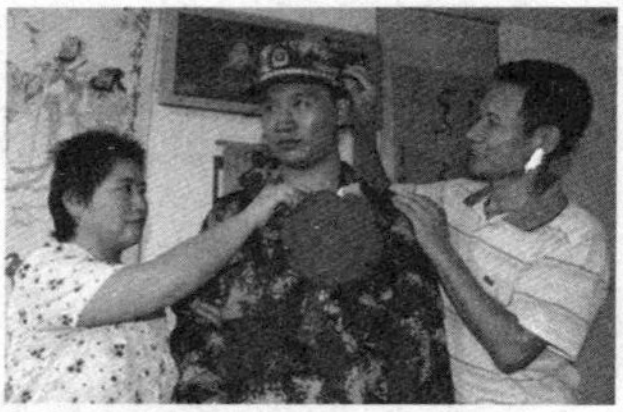

徐普查来自革命老区湖北省黄冈市，他的一家人生死相依和爱国拥军的故事，荣获全国“最美家庭”。新华社、中央电视台、《解放军报》、《光明日报》、《湖北日报》、《楚天都市报》、《湖北电视台》和凤凰网等全国220多家新闻媒体和网站分别作了报道。

未婚先过门，坦然面对非议

湖北黄冈市坐落在大别山区，在这片英雄的土地上诞生了董必武、李先念两位国家主席，以及200多名开国将领。徐普查从小爱听父亲讲闻一多的爱国故事，爱看《黄冈革命战斗史》这本书，特别是他的父亲徐国顺曾含着泪告诉他：1938年他爷爷目睹日本鬼子在浠水杀光、烧光、抢光等残暴行为时，从小打猎出身的爷爷一气之下不仅用猎枪打死一名日本鬼子，还对他父亲和叔叔们嘱咐：“国家落后就挨打，国家不稳定，哪有小家的安宁。穷人孩子早当家，好男儿要先当兵保家卫国、舍小家、保大家，不能给徐家丢脸！”一代又一代，爷爷的嘱咐不仅成了徐普查家的家规，还激发了他们家族许多热血男儿主动当兵卫国的热情。徐普查在家排行最小，哥姐们当兵的当兵，体弱多病的母亲便想让徐普查早点结婚撑起这个家。

王荣轩　摄

1984年春，徐普查和大别村年轻漂亮的妇女主任龚俊萍在一次活动中相识、相恋。1985年的秋天，他们相爱一年多准备结婚时，龚俊萍突然提出一条要求：先让徐普查当三年兵，再和她结婚。徐普查忙向女友解释，他们家族已有好几个人当兵。她笑着对徐普查说："正因你家有几个当兵的，你不能因为和我结婚而不当兵。当兵是每个青年应尽的义务，自己的义务自己尽到。"

这咋行呢？何况婚期已定，就等着通知亲戚朋友来赴婚宴呢。这个决定让徐普查左右为难，他深知女友从小就崇拜军人，龚俊萍曾应征过女兵，因农村录取女兵极少没被录取。她多次对徐普查说："我这辈子当不了兵，你有机会一定要替我圆这个梦啊。"徐普查其实也想当兵，可60多岁的父母长年病卧在床，根本就不能下地劳动，他是家里的主要劳动力、顶梁柱，他要是去当兵了，谁来养家呢？龚俊萍笑嘻嘻地对他说："这好说，你去当兵，我到你家去干农活，孝顺你父母。”徐普查以为她只是讲讲而已。没想到过了几天，龚俊萍真的卷起铺盖，搬到徐普查家去住了。她还拉着徐普查去人武部当兵体检、政审。徐普查在等入伍通知的时候，正是收割晚稻的时节，龚俊萍天天陪徐普查下地，割稻打稻，百来斤重的谷子挑在身上，任劳任怨。那些天，她白晰的脸庞变黑了，细嫩的手掌变粗糙了。

徐普查家只有几间土坯房，阴暗潮湿。家里为他准备了一间新房，因还没有结婚，不能圆房，徐普查和父亲住，龚俊萍便和他母亲住一起。一时间小小山村非议四起：“村妇女主任真不害臊，还没扯结婚证、没办酒席，竟然住到男方家里去了！”在那时，这简直就是天大的“丑事”啊！

没多久，录取通知到了，徐普查被分配到武警恩施州支队当兵。就要离家去远方了，徐普查依依不舍。龚俊萍流着眼泪对他说：“这些天我在家表现如果及格的话，你就不要担心家里了。”送别的那天清晨，龚俊萍第一次亲了他的脸颊，红着脸说：“在部队好好干，我等你……”

家被冲垮，瘦弱肩挑起重担

龚俊萍太辛苦了，家中繁重的农活都落到了这个年轻女子的身上。1986年初夏，浠水遭遇50年未遇的洪灾，咆哮的洪水无情地吞噬着村民的房子。“快跑啊，洪水冲过来了！”那天一大早有人大喊。龚俊萍推门一看，大水已漫到家门口了，足有半米深。她咬着牙背起未来的婆婆，在洪水中深一脚、浅一脚将她送到村后的山上，邻居都心疼得流泪了，帮她把未来的公公安置到安全地方。当龚俊萍拖着疲备不堪的身子，准备回家转移家具时，房子轰然倒塌。

“家都没了，赶紧叫普查回来啊！”徐普查的父母无奈地说。龚俊萍却安慰两位老人：“部队的事是大事，我们家的困难就自己解决。您两老不用担心，有我呢！”她把老人安置到娘家，又从娘家借钱，找来亲戚帮忙重新垒起了三间土坯房。这一切，远在部队的徐普查一点都不知情。

1986 年，正是全国开展“一五”普法第一年。“你们武警是执法部队，首先得学法、知法、守法。”龚俊萍在信中反复叮嘱徐普查。有段时间，战友们见他总是收到从家里寄去的包裹，感到很奇怪。后来才得知，龚俊萍常常给他寄法律书籍，而且每月还要寄一张法律试卷让他答题。

在龚俊萍的鼓舞下，徐普查浑身有使不完的劲，学习、训练、执勤非常刻苦。当兵两年荣立三等功一次，受嘉奖两次并光荣入党。在徐普查老家，有的女青年处的男朋友还在当兵，时间长了她们忍受不了寂寞，想分手，龚俊萍经常去串门做军属的思想工作，鼓励她们支持部队工作。龚俊萍还为官兵牵线搭桥，撮合了 15 对军婚，一度被官兵尊称为“知心军嫂”、“家属指导员”。

龚俊萍支持徐普查安心当兵的感人事迹引起了《人民武警报》的关注，1986 年初秋，报社派三位记者专程到老家采访了龚俊萍。当年 9 月 19 日，该报头版头条以《爱，洒向橄榄绿的警营》为题，报道了龚俊萍爱国爱军的感人事迹。随后，《人民日报》、中央电视台、《解放军报》、《光明日报》和《中国青年报》等各大媒体相继报道了此事。接下来，一场由武警总部发起的“学习龚俊萍，无私做奉献”大讨论在全国武警部队和官兵家属中展开，一直持续了 8 个月，在部队内外引起了强烈反响。

一夜之间，龚俊萍成名人啦！可徐普查还是一个普通小战士。“你若对我不离不弃，我将为你奉献全部。”龚俊萍在给他的信中写道。在龚俊萍的鼓励下，徐普查当兵四年，因任务完成出色，直接破格提干。

1989 年 5 月，在亲人和战友的见证下，龚俊萍专程到部队和徐普查举行了特殊的“军婚”。那时，结婚流行送“三金”，可他们的新婚礼物却是两枚金灿灿的三等功军功章。龚俊萍心中却乐开了花：“这军功章就是我们最好的‘三金’……”

在龚俊萍的支持下，徐普查当兵20多年，18次参加捕歼战斗、抗洪抢险、扑火救灾，8次荣立三等功，9次被评为优秀党员。龚俊萍还积极动员家人当兵，徐普查家共有9名适龄青年应征入伍，他们在部队表现优秀，都立了功，光荣入党。

手术台前，立遗嘱要儿从军

2005年，徐普查从部队转业，在地方上谋得一份理想的职业，龚俊萍也找到一份好工作，一家人其乐融融，生活幸福。然而好景不长。2008年初，龚俊萍经常感到头痛头晕，到医院检查，结果犹如晴天霹雳，她患上的竟是“脑癌”。省立医院的专家把徐普查拉在一边对他说：“她可能只能活三个月，要做好料理后事的准备……”

爱心创造了奇迹。医生当时说龚俊萍最多还有3个月的生命，可她坚强地活了5年。2013年4月，龚俊萍的病情突然再次恶化，当年手术切口处出现了一个拳头大的包，几度昏迷。当徐普查送妻子到武汉某医院就诊时，医生吃了一惊：“什么？她还活着？”他们认为这简直是医学上不可思议的奇迹，并将她的病作为典型病例进

叶萍 摄

行研讨。这次诊断为脑积水，原因系肿瘤复发所致，需再次做开颅手术。医生告诉她，由于手术风险极高，稍不小心，就可能在手术台下不来了。

手术前，龚俊萍把正在湖北长江大学读大四的儿子徐世超叫到病床前，一字一句地叮嘱道："妈这次上手术台，如果有意外，你得圆妈的最后一个念想：去当兵。"儿子徐世超脑袋一下懵了。龚俊萍一直铭记着徐家家规，她在癌症复发病危时，耐心地动员儿子当兵。她拉着儿子徐世超的手说："自古忠孝不能两全，今后行孝、赚钱的机会还很多，现在讲'强军梦'，我看部队需要你这样的大学生去做奉献，去实现人生价值。当兵的机会你只有一次，莫留遗憾!"

徐世超深知母亲龚俊萍对部队的那份割不断的情，含泪点头说："只要您能从手术台上平安下来，我就安心去当兵。"

儿子入伍，母子签下协议

这一次手术没有出现什么大问题，只是切除脑瘤后，龚俊萍的后脑塌陷了约三分之一，看上去触目惊心。出院时医生反复叮嘱徐普查，她的病随时复发且有生命危险……

2013 年 9 月 12 日，徐世超接到入伍通知书。母子就要离别了，这一别或许就是诀别。这一刻，母子俩除了依依不舍之外，都有点担心。担心什么呢？母亲担心儿子当兵后，太过挂念自己的病情，会影响训练工作；徐世超担心自己到部队后，母亲不配合治疗，病情恶化出现"意外"。

这天晚上，龚俊萍把徐普查和儿子叫到跟前说："我知道，咱儿子当兵后会怕我不好好活着，这样不好，既然你当兵去了，就要一心一意在部队干好，不能为我的病分心走神。这样吧，现在我们来签一份协议，我保证在家好好养病，儿子保证在部队当个好兵，怎么样？"

于是，徐普查做证人，母子俩签订了一份催人泪下特殊的当兵协议：母亲对儿子提出三点要求，希望儿子在部队努力工作，献身强军梦，当个优秀士兵。儿子要求母亲珍惜生命，继续与病魔作斗争，保养好身体。

协议一式两份，徐普查夫妇留一份，儿子徐世超带一份。9 月 15 日，徐世超揣着协议入伍去部队。这份特殊的协议很快被《人民武警报》记者发现，并在该报 12 月 25 日头版头条刊发消息。人们没有想到，在一些青年怕当兵、少数家长不让孩子当兵的今天，竟然还有这样“逼”着儿子入伍的母亲。很快，新华社、人民公安网、《湖北日报》、湖北电视台、《楚天都市报》等 120 多家新闻媒体和网站连续进行了追踪报道，在部队内外产生了强烈反响。

弥留之际，与儿子最后视频

儿子当兵后，龚俊萍失忆越来越严重了，甚至有时她刚走到楼下就忘记家在哪儿了。好几次徐普查下班回家后，发现家里没人，吓得他满街找、到处问，才把她找回家。为了防止龚俊萍单独外出时找不到回家的路，徐普查把自己的姓名和电话号码写在小纸条上，放在她的衣服口袋里，当她走失时，好心人能根据这张纸条，帮忙送回或者联系徐普查。

最令人难忘的是 2013 年 10 月，单位安排徐普查去外地出差。他放不下家中的妻子，早早完成任务就往家赶。哪知在推开门的那一瞬间，徐普查被眼前的一幕惊呆了：龚俊萍在地上爬。龚俊萍看到他推门进来的那一刻，她多么想站起来，可腿脚已经不听使唤了。

“我可能不行了。你出差的这些天，我只能在地上爬着走。”龚俊萍气喘吁吁地说。她指着旁边的箱子，里面装的是徐普查当兵 20 年荣获的军功章、获奖证书，还有叠得整整齐齐的军装和刚入伍的儿子寄回来的一叠照片，她缓缓地说：“我想趁自己还能动，帮你把军装整理整理，把你的这些军功章再擦擦，再多看儿子一眼……”

徐普查当即双腿跪下，抱起龚俊萍，泪水像断了线的珠子似的夺眶而出。“我现在的病情，你可千万别告诉儿子啊。”尽管病成这样，龚俊萍还是没忘记叮嘱徐普查。

此时，在遥远的武警荆州支队，儿子徐世超没有辜负母亲的希望，他在新兵连被表彰为训练标兵和学习标兵。新兵连结束时，他还被支队评为“爱警习武的好战士”。

随着时间推移，龚俊萍的病情恶化，她开始提前安排后事。徐普查含着泪问她，想不想让儿子回来一趟，她说：“儿子训练忙，不能影响他，如果部队允许的话，我想和他通过视频见最后一次面。”

2013 年 11 月 8 日，龚俊萍通过 QQ 视频与当兵的儿子徐世超连线。视频的这头，龚俊萍虽然说话非常吃力，她却佯装轻松，反复叮嘱儿子：“咱娘儿俩一定要遵守签订的协议，不要违约哦。现在我的病情稳定，医生说不会有事，你不要牵挂，要像你爸那样当个好兵……”视频的那头，徐世超紧盯屏幕，似乎看出点什么。他听着母亲的叮咛，热泪盈眶，所有的担忧化作了坚强的誓言：“妈，您放心，我一定好好干，履行我们的协议。”

此时的徐世超并不知道，母亲龚俊萍将要走完人生的旅程。这次视频是他们母子俩最后一次“见面”。

2014 年 1 月 6 日，龚俊萍在弥留之际向徐普查交代：“我走了，别告诉儿子，让他安心部队工作……”然后她带着对丈夫、儿子和部队的深深眷恋，平静地离开了这个世界，此时，她只度过了人生的 48 个春秋。入殓时，徐普查含泪挑选了一套自己的旧军装，给龚俊萍穿上。

此时，徐世超不知道母亲已经去世。7 号上午一个亲戚偷偷打电话给他时，才惊闻噩耗，他顿时失声痛哭。武警荆州支队领导知情后，特批徐世超回家送母亲最后一程，特派副政委蒋绍平带队前往表示慰问悼念，代表部队官兵为龚俊萍送“最坚强的军嫂、最伟大的母亲”铜匾。武警、各级政府等单位派代表参加龚俊萍遗体告别仪式。出殡那天，黄冈当地数千名群众自发送别这位坚强的军嫂、无私的母亲。

2015 年 8 月，当兵的儿子徐世超以优异成绩考上军校。

黄石　刘时粘

好家风成就“博士家庭”

刘时粘家的家风好、学风好，4个子女及家眷8人中，有2人取得博士学位后继续从事相关研究工作，2人取得博士学位，1人取得硕士学位，3人取得本科学位。一家出了多名博士的传奇在当地广为传颂。

言传身教，父亲永保进取心

刘时粘今年76岁，是个阅历丰富的人。

1960年，刘时粘上高中时，那几年全国正在开展大跃进运动，那时的中学生就成了突击队员。哪里需要，就派他们到哪里。比如农村兴修水利，拦河筑堤，网湖开港，在农闲时组织全村的人修水库，用人力挑土，做试验，搞样板田，绿化植树等。那时他们还是高中生，却被派去做成年农民承担的农活。夏天派他们下到齐腰深的湖水里抢收麦子，膝盖深的水中去挑湖草，下河捞木材。每当从水里起来，有的人觉得湖水泡过的皮肤痒得钻心。但那时他们还不知道是感染了血吸虫，只到后来发烧了，去医院通过显微镜检查才知道。这才留下来住院，实施“七天疗法”。可由于医疗水平所限，这种药对肌体有致命的伤害。不仅人的肝脏组织被破坏了，甚至导致记忆力衰退，身体一天不如一天。

1963年6月高考体检，刘时粘经过治疗，仍然查出有血吸虫病，按当时的规定一律不得参加高考，他失去了上大学深造的机会。7月22日开始高考，他神情落寞地坐在寝室门口，望着同学们去教室考试，他的心痛极了。

刘时粘回乡务农，在企业当厂长，后到公社卫生院当书记。由于自身的努力和组织的重用，先后调任县人民医院副院长、县卫生学校党委书记、县卫生局纪委书记等职务。退休后，为帮助大女儿，刘时粘曾两次出国探亲，体验过在国外打工生活的乐趣和艰辛。后来由于种种原因，他放弃移民美国的机会，毅然回到魂牵梦萦的祖国。

刘时粘这种严格要求自己、不断追求上进的精神不仅影响了孩子们，给孩子们树立了好的榜样，也逐步改变了自己的命运。

“永远保持一颗进取心，不要自我满足，是孩子们取得更大进步和走向成功的关键。如果不保持一颗进取心，我家的孩子们就不会有今天的成就，要真正做到生命不息，学业不止。”刘时粘在“教子有方”报告会上的发言，赢得了全场的阵阵掌声。

艰难岁月，孕育好家风

刘时粘上中学时，他父亲已60多岁，起早摸黑为孩子们赚学费。像那样勤扒苦做，他每月只能挣30多元。而刘时粘当时是一个热血青年，整天紧跟政治运动，渐渐荒废了学业，还损坏了身体，连高考的资格都失去了。他心里一直愧疚：“我辜负了父母的期望，我对不起父母！往后，我不能对不起儿子。我上不了大学，一定要让我儿子上大学！”

刘时粘的妻子柯爱秋是个地地道道的农民。地里干农活和孩子成长，她一样也没少操心，她总是以女性特有的细腻和慈爱默默地操持着他们家。

母子连心的事，在柯爱秋身上曾发生过两次。

大儿子刘宏达三岁时，柯爱秋有一次在地里干农活，心里“咚”了几下，直觉告诉她有事，她飞奔回家。只见儿子睡在床上发高烧，不停地抽搐。她抱着儿子拼命地往公社卫生院跑。正好，那天武汉医院医疗队来到公社卫生院，临床经验丰富的儿科医生郑大夫一看，就果断地说：“急性脑膜炎。”于是郑大夫立即用两根输液管，从头和脚同时输液。经过抢救，孩子得救了，也未留下任何后遗症。

养育四个子女的主要功劳是柯爱秋。几个小孩出生时，刘时粘都不在身边，全靠她一个人操劳。大儿子刘宏达出生的前一天，柯爱秋还在割晚稻，挑重重的担子动了胎气。第二天一大清早，因家里没其他人，她自己生产两个多小时，一直等到门口有人路过，才叫侄儿到两公里外的大坡请护士来帮她接生。

除了生儿育女，全家的冷暖温饱也是柯爱秋独自承担。大儿子一岁多时，柯爱秋挑着摇篮到了 30 多里外的网湖工地，一边挑土挖湖，一边照看孩子。

孩子上学柯爱秋也操心不少。大儿子中考未考上重点高中，而他就读的二中距县城好几十公里。柯爱秋每周都要送点好吃的去改善儿子的生活。她见儿子坐在校园树荫下，三下两下就吃完了带去的食物，她回来总是流泪心疼不已。这事被卫校同事董明兴知道后，找在一中教书的董老师将柯爱秋儿子转到一中。转学时，她儿子的成绩在全班倒数第三名。

但转学后，儿子领悟了转到一中的不容易，特别被母亲的关爱触动，开始发奋了。经过两年的努力，高考时以全县文科第三名的成绩考上大学。

刘时粘育有二儿二女，对子女的教育从未放松。

“知识改变命运，农村孩子要想有出息，只有读书。”夫妻俩常用这朴素的道理启发孩子。人要活到老学到老，继续深造就靠个人的本事了。

小儿子刘宏宇 1995 年高考未考取自己理想的学校，选择了复

王荣轩　摄

读，第二年考上理想的大学。2000 年他从华中师范大学外语系毕业，他又报考武汉大学新闻专业研究生。结果第一次考试他未被录取，继而去武汉晨报社工作。

那时，刘时粘家的经济状况有所改善，最小的儿子可以继续深造。当时他上班感觉良好，不想读研了。在这个原则问题上，全家人都不让步，命令他辞职考研。结果他脱产复习两个月，2001 年以总分成绩第三名考取了武汉大学新闻专业研究生。

毕业后，刘宏宇不愿继续攻读博士学位，急着去广州日报社工作。那时刘时粘在国外管不了他。后来，刘宏宇又调到新华社广东分社工作，同时在职读了武汉大学新闻专业博士学位，实现了他的梦想。

刘时粘一生并不富裕。尤其是年轻时代，不但没钱，而且没饭吃。成家之后，他工资三十几元多年未变，一直到 1979 年才加薪。一家四位老人，四个儿女，加上夫妻两人共十人的大家庭，从生产队借支、超支，年年还不清。1978 年被县里借用几个月，回医院时未领一分钱补助。年关过不去，刘时粘只好将父母给柯爱秋陪嫁的睡床卖了 78 元渡过难关。后来普涨工资，但又因家大口阔无住房，只好借债建房，直到刘时粘退休后出国探亲，顺便打工赚了点钱，才彻底地缓解经济压力。

子女们理解父母的难处，一不埋怨父母只能提供清贫的生活，二不奢望父母给他们经济资助。子女结婚、购房、买车全凭自己的能力。他们的父母确实太清贫了，子女们只能凭自己的能力开始他们的新生活，在学业上也靠自身的潜力去深造，获得学位、当教授，全凭自己的本事。

劝学少讲大道理

刘时粘平时言语不多，很少给孩子讲大道理。他只是在送给孩子们书时，写上一些古人的话启发、勉励子女。

古人劝学文章很多，刘时粘摘录了一些写给子女们，要求身体力行，题目是：《谨记劝学言　莫忘要践行》。

（一）

少壮不努力，老大徒伤悲。

三更灯火五更天，正是男儿立志时。

黑发不知勤学早，白头方悔读书迟。

（二）

业精于勤荒于嬉，

行成于思毁于随。

（三）

幼不学，老何为。彼既老，犹悔迟。

尔小生，宜早思。始发愤，读书籍。

勤有功，戏无益。我教子，宜努力。

——你的父亲　时粘

同时，家里尽量做到不吵不闹，不打不骂，营造勤奋好学的家庭氛围。父母以身作则，言传身教。刘时粘也由一个高中生取得了哲学讲师的职称，在卫校除了党务、行政工作外，每年还完成哲学、医学伦理学两门课300多课时的教学任务，全凭自学成才。

小女儿刘宏慧说："父亲是个不善言辞的人，但父亲有个写日记的习惯，也喜欢阅读，小时候我经常看到父亲在埋头写作，他先后出版了个人作品集两部。这对我们学习有积极的带动作用。"

刘时粘特别注意保护子女的自尊心，激发他们的自信心。当孩子学习成绩一时落后，他不求全责备，而是给予更多的关怀和鼓励。

大儿子中考时成绩差，刘时粘给儿子买课外读物，并在扉页写上"少壮不努力，老大徒伤悲"等格言，让他珍惜现在的美好时光，发奋读书。

柯爱秋对大儿子更是关怀备至，她每星期要跑几十里路专程为儿子送肉汤滋养身体。大儿子深受感动，于是发奋读书，学校宿舍熄灯后，他还打着手电筒继续学习。

在父母的关怀和影响下，子女们发奋拼搏。

大儿子刘宏达1994年本科毕业时报考第二学位需要2000元，家里拿不出这笔钱，他只好放弃了，留校工作。由于学校领导的关照，他一边工作一边读研，先拿到硕士学位，继而拿到博士学位。这是他十几年苦读与拼搏的结果。在工作上他表现优秀，先后荣获“全国高校优秀思想政治教育工作者”、“全国优秀招生先进个人”、“全国优秀共青团干部”等荣誉。

小儿子刘宏宇在武汉大学新闻专业硕士毕业后，不愿增加家庭负担，放弃继续读书，选择了工作。后来经济条件宽松些，他在职攻读武汉大学新闻专业博士学位，经过几年的苦读，最终也如愿以偿。

兄弟俩本可脱产深造，但他们为了不加重父母的负担，积极发掘自身的潜力，刻苦学习，努力拼搏，最终都实现了自己的梦想。

热爱学习的好家风也逐渐带动了全家人积极向上。

大儿媳陈军亚结婚后，攻读本校的经济学硕士。毕业后，她在丈夫的支持下攻读中南财经政法大学经济学博士学位。她回校任教，边任教边学习，发表多篇论文，出版了专著。后来她到美国做访问学者一年，回国后升为经济学教授。

小儿媳王琳结婚前就职于广东省外语艺术职业学院。婚后，她边任教边读中山大学外语专业硕士。既有繁重的教学任务，还要养育儿子，王琳仍然专注于钻研新的课程，向更高目标迈进。

大女儿刘宏英，从小就很懂事，能吃苦。那时家里缺粮，她提着篮子跟在耕地的爷爷身后捡红薯，一篮一篮地往家背。她从未上过幼儿园、学前班，整天就提着篮子挖野菜、扯猪草。上学了，她带着弟妹上到高山上砍黄荆条、包茅干、摘二花，拿到街上卖了，钱一分不少交给妈妈。放学回家总不得闲，帮妈妈带弟妹，做家务。

詹长久　摄

作为大姐，她的言行举止直接影响了弟妹。在她的带动下，弟妹们都保持着艰苦朴素、勤奋好学的精神。

1994 年，为了支持丈夫袁群明顺利拿到博士学位，刘宏英辞职进京陪读。陪读期间，她到中央党校带课，专讲计算机，与此同时，她还参加全国自学考试，拿到本科文凭。1997 年，她带着儿子随丈夫去了美国。

大女婿袁群明，父亲是中学物理老师。1984 年，临近高考时，袁群明的父亲查出肝癌晚期，他想见儿子又怕影响儿子高考。于是他同大女儿一起，来到离家 100 多公里袁群明上学的城市。他趴在旅店的窗台上，女儿带着袁群明从窗前走过，让父亲看儿子一眼。儿子高考完回到家，父亲已去世。袁群明跪在父亲坟前大哭一场，立下了拿博士学位的誓言。

袁群明当年考取了华中科技大学。父亲死后，留下他姐妹兄弟五人。弟妹年纪小都在读书，全靠有病的妈妈操劳。袁群明十年来，也就凭助学金读到博士毕业。1991 年考取清华大学自动化专业攻读博士。1996 年毕业后，又赴美攻读博士后。

年近古稀，热心公益发余热

刘时粘已到古稀之年，为了激励儿孙，他写了一本 20 多万字的回忆录，还准备出版个人诗集。

刘时粘十分关心社会公益事业，开展了“读书养生勤练功，健康百岁不是梦”的宣传活动。他自费印发宣传资料，召开了多次“读书养生”座谈会，亲自宣讲养生保健知识。他自费 3 万元，无偿赠送养生保健书籍和保健器具。有时他还手把手地教人按摩穴位。

刘时粘积极为家乡的公益事业出力。为了出版《坐爱枫林晚》丛书，他与同事深入村组积极组稿，并亲自写稿。

为了促进教育事业的发展，他运作成立了枫林教育励志协会，枫林籍企业家积极捐款，已筹集 255 万元。从 2014 年开始，每年用募集善款的利息奖励本镇的优秀学生和有特殊贡献的教师。一年的实践，全镇高考录取考生和进枫林一中的中考生比往届翻了一番多。

荆门　曹毕涛

义工路越走越宽

曹毕涛今年38岁，作为荆门市京山县义工联会长，也是创始人，他带领一群义工朋友在公益路上探索前行。曹毕涛有一个幸福的三口之家，妻子林惠和儿子曹浩然不仅大力支持，还在背后默默地奉献，让曹毕涛的义工路越走越坚实。

丈夫善举，感染众多人

三峡大学保送的研究生丁镜元，家在坪坝镇东岳庙村，身患“恶性非霍奇金淋巴癌”，面对高额的医疗费陷入困境，这件事牵动着许多人的心。京山县义工联发起，准备星期六晚上组织一场义演，现场为丁镜元募集善款。

到城管局申请临时场地，到公安局申报安全防范，到文体局报请公助义演……连续几天，曹毕涛脚不停歇，一项项申报，逐一落实。而这样的募捐活动，是京山县的义工联时常碰到的事，常常也是曹毕涛始终亲力亲为的事。

40岁的王志杰是孙桥镇的一位普通农民，家庭困难又被确诊为重症肝癌，亲戚朋友贷款10多万元给他治病，离婚好几年的前妻毅然与他办理了复婚手续，以便照顾他。

得知这一消息，义工联的同仁深受感动，倡议为王志杰举办一

傅平　摄

场募捐义演。在 3 月 30 日晚，京山热心的市民爱心如潮：一位补鞋的老婆婆收摊后，赶来捐了 100 元，一位不愿留名的好心人从钱场镇赶到募捐现场捐款 2000……

捐款 5 毛钱到 1 万元都有，有人捐一次，有人捐两次，有人身上恰好没带钱，就找熟人借钱捐款，义演募捐场面感人至深、催人泪下。当组织义演活动的义工程燕得知共募集到善款 49135 元时，在舞台上感动得热泪盈眶，十几次鞠躬感谢好心人。

“我不是一个人，我身后有一个团队。”曹毕涛十分感谢身边的伙伴：有被誉为民间“民政部长”的“全国光彩之星”的好人陈祥旭，有被评为“全国特级优秀人民警察”的社区好民警廖承枫，有被评为荆门市首届“道德模范”的张天锐、胡久红夫妇。

爱心有温度，能量可传递。曹毕涛用自己的言行感染着身边的每一人。如今，京山义工联这个家庭成员已经扩大到 500 多人。

曹毕涛借助京山县义工联这个平台，施慈行善，扶危济困，7年多来已开展助学、助残、敬老、环保等社会公益活动300多次，一万多人次参与了义工活动，募集到各类善款、物资总计达100万元以上，全部用来资助社会弱势群体。曹毕涛不仅以身示范、身先士卒，为义工联当好领头雁，为社会传递正能量，他还将自己的家庭精心创建成为一个公益爱心之家。

妻子支持，他走上义工路

给重症患者捐款、帮困难人群送温暖、为弱势群体献爱心……每天的工作日程，曹毕涛都排得满满的。义工实际上只是曹毕涛的副业，他的主业是一名个体工商户，在京山县城经营一家电脑店，他对副业付出的时间却比主业还多。

2008年6月，曹毕涛和张涛、熊艳艳等几名热心青年自发组成了一个志愿爱心小组。工作之余，他们忙碌穿梭于京山城区的大街小巷，义务为市民服务。几年来，无私奉献的道德情操和丰富多彩的公益活动，赢得广大市民的赞誉，在省内产生了良好的反响，受到了社会各界的肯定和赞誉。星星之火，渐成燎原之势，现在，京山县“四大家”领导全员加入义工联，不仅每年参加义工活动，还多次召开专题会议，帮助解决义工联发展中的难题。

“我不是一个人，我身后有一个团队，还有一个贤内助。”曹毕涛十分感谢身边的伙伴，而最大的支持来于家庭，在他的背后，有一位默默支持他的妻子。

曹毕涛的妻子林惠也是一名个体户，她在京山城区开服装店。对丈夫选择做义工，林惠是打心眼里佩服和支持。但人的精力有限，做义工必定要付出时间，更何况是带领义工们前行的会长，而对于做生意的曹毕涛和林惠来说，时间就更难能可贵。为了支持曹毕涛的公益事业，林惠担当起了家庭的生活重担，教育孩子、操持家务、照顾老人这些事都由她一个人包了。林惠也做义工，只要一

叶萍　摄

有时间她就会参加义工活动，更多的则是在背后支持，有时义工们做活动没有时间吃饭，她还给义工们提供免费餐。在义工们眼中，林惠不仅是会长的贤内助，更是义工们的好大姐。

京山县罗店镇的残疾人郭明新到县城谋生，人到中年且妻子下岗、儿子上学，生活过得异常艰辛。曹毕涛得知郭明新准备开一家打字复印店而缺钱买设备的消息后，马上回家与妻子商量，决定把自家店里的一台电脑和一部手提电脑送给郭明新使用。当郭明新从曹毕涛夫妇手中接过 2 台电脑时，他的眼眶湿润了，当即表示要用出色的经营来回报曹毕涛夫妇，用投身义工联的实际行动来感恩社会。从此，郭明新也义无反顾地投身到义工联，积极主动参加义工活动，相继被义工推举为京山县义工联理事、助残工委主任，并评为“京山十佳义工”。

儿子长大，也要像爸爸一样

总有那么一种行为，温暖着你我；总有那么一颗爱心，感动着你我。

“长大了我也要像爸爸一样。”曹毕涛的儿子曹浩然对义工爸爸由衷地佩服，而儿子则是曹毕涛的骄傲，很小的时候就跟着他一起做义工。

曹浩然上小学六年级，从小就受父母大爱无私和乐于奉献精神的熏陶，成为义工们心目中公认的“爱心小天使”。在6岁那年，小浩然和爸爸一起去参加惠亭山的一次环保行动，他兴高采烈地跑在前面，捡拾山上的白色垃圾，摔伤了也不休息，手臂上被划伤了也不喊疼，一直坚持到最后，被义工们称赞为难得的“小男子汉”。曹毕涛和妻子在行为上影响着儿子，带着儿子一起上街或外出，只要

肖玫　摄

遇上需要帮助的人，他们都会鼓励儿子伸出援助之手，为人排忧解难做好事，从小培养儿子一颗善良的心，更希望把他培养成公益爱心之家的传承人。小浩然没有让曹毕涛和妻子失望，正用他的实际行动向父母交上一份份满意的答卷。

“一个人的力量始终有限，发动更多人投身公益，可以让涓涓小善汇聚成大爱京山。”在曹毕涛的倡导下，义工联办公室有了一间“曹毕涛工作室”，在政府门户网站今日京山论坛上开辟了“京山义工”栏目，号召所有爱心人士奉献爱心。小浩然经常到爸爸的工作室去，看着爸爸的一个个成就，他感到特别骄傲。

在京山县城里组织的各项活动中，小浩然的志愿行为成为一种常态，他的身影成为亮丽的风景。中国(京山)网球节、U18 国际青少年网球赛、中国(京山)观鸟节等活动，很多义工活动中都有他的身影。小小年纪便不畏酷暑，不论苦累，他赢得了义工叔叔阿姨们的赞扬。

一滴水辉映太阳，一片心古道热肠，一条路走出希望，一双手攥出力量，一份爱源远流长。人，之所以魅力无限，不是因为他外表有多么漂亮，而是因为躯壳里有一个至善至美的灵魂，这个灵魂就是人间大爱。在偏远山区小村的路上，为失学儿童送去助学金；在交通不便农家的屋里，为残疾人赠送轮椅拐杖；在乡镇集中的社会福利院，曹毕涛都会带上儿子，他希望儿子从小行善，做一个热心公益的人。

“做义工，我快乐！”曹毕涛和他的家庭不断勉励自己，他美满的家庭也引来很多人羡慕，他也希望义工联这个公益组织能够让更多的人幸福美满。

王荣轩　摄

荆门　王安志

抠门的低碳达人

不多用一度电，不浪费一滴水，这是全国“低碳生活明星”王安志的生活哲学。

王安志的家里，有很多和低碳有关的小物件，有回收洗菜水、淘米水的瓶瓶罐罐，有接空调冷凝水的盆和桶，有控制灯泡的电源转换开关，还有切断电器待机电源的闸刀……低碳环保理念渗透到了生活的每一个细节。

节能低碳，义务推广节能灯

1947年出生的王安志在居住的荆门石化社区小有名气，大家都知道他是全国“低碳生活明星”，而且受他影响。达人是年轻人喜欢的称呼，大家都喜欢叫他低碳达人。退休前，王安志是荆门石化机械厂设备厂长，20世纪七八十年代，绝大多数国人还没有低碳环保的概念时，他便开始使用回收水，控制机器空转率，想方设法给工厂节约水电费。他还计算车辆的百公里油耗，让司机养成节约的好习惯，并把节约下来的油费作为补贴发给司机，提高大家的工作热情。

真正让王安志成为低碳达人的，是一个卖灯泡的故事。

2010年，王安志在媒体上看到一则新闻，为推广节能环保理

朱铁容　摄

念，荆门市政府掏钱补贴，以3.9元的价格向市民推销一种节能灯泡。获悉这一信息后，王安志立马与卖灯泡的人联系，并一口气订购了3000只灯泡，他做起了推销员，在荆门石化社区免费推广节能环保理念。而在订购节能灯泡之前，王安志已经在社区里宣传节能灯泡的好处，他通过网络论坛、QQ群、社区宣传栏等平台向居民宣传，结果，节能灯泡一回来就受到居民热捧。王安志为此不得不采取限购的方式，规定每个家庭只能买10只，有些没有买到灯泡的居民，还托关系找到他，希望能照顾一下。在这之前，很多居民还没有用过节能灯泡，之所以一下子接受了节能灯泡，缘于王安志算的一笔账。王安志推广的节能灯泡只有8瓦，当时居民家普遍使用的是40瓦的普通灯泡，这样来对比，一只灯泡一年可以节约30多度电，一年节约近20元电费，3000只灯泡一年可以节约10万度电，近6万元电费。普通居民只会关心能节约多少电费，而王安志却关心着另一笔账，按国际通用换算方式，少用一度电，可以少向空中排放 0.904 公斤二氧化碳，3000 只灯泡一年便可以少排放 95 吨二氧化碳，这个贡献对环保来说就太大了。

节能灯泡的推广是低碳明星的开始，王安志在节能低碳方面立足一个“抠”字。年近七旬的王安志退休前是荆门石化机械厂设备厂长，分管设备、节能、环保工作，退休以后他和老伴都热心于低碳环保事业，只要节能低碳，王安志从不含糊小气，他们在家中率先使用节能灯泡，当他得知市发改委推广政府补贴的节能灯泡后，自掏腰包购进了 3000 只 8 瓦节能灯泡，放在他所在的社区里保本销售，没几天时间，3000 只灯泡就卖完了，也就是这 3000 只灯泡，成为荆门石化职工家属低碳生活的开始。王安志算了一笔账：如果这 3000 只节能灯泡都能替换掉 40W 日光灯，那么一年可以节约电能：(40W－8W)×3 小时×365 天×3000 只/1000＝105120kW/h，可以节约电费：0.57 元×105120kW/h＝59918.4 元，可减少二氧化碳排放：0.904kg×105120kW/h＝95028.48Kg，这个数字比较惊人，更主要的是这 3000 只灯泡拉开了荆门石化倡导低碳生活的序幕，促进了荆门石化职工家属对低碳生活的认识，影响范围越来越大。王安志不仅仅选择节能环保型的绿色家用电器，还非常注意减少电气设备的待机损耗，家中电脑、电视不看就关闭总电源。

有了这次卖灯泡的经历，王安志做起了环保低碳的宣传员，而越来越严重的环保问题让他忧心。实际上，在卖灯泡之前的 2007 年，王安志已经把家里的灯泡换成了 8 瓦的节能灯泡，之前用的冰箱、电视机、洗衣机等电器都是电老虎，他也全部换成了新式的节能电器。现在，王安志家里用的冰箱一天只用 0.48 度电，平时很少开空调，夏天不太热的时候，老两口便使用一台 4 瓦的电风扇，这样更节能。不多用一度电是王安志的生活原则，他家客厅里有 2 个灯，平时只有老两口在家时，他便使用瓦数小一些的灯，如果子女们回家，他则使用瓦数大的灯。可能有人会觉得麻烦，但王安志还是个设计达人，他为此设计了一个转换开关，需要时只需按一下开关便能轻松转换。

叶萍　摄

节约用水，提倡循环使用

在节水方面，王安志和老伴也有心得，他们把原来的燃气热水器换成了太阳能热水器，抽水马桶不安进水管，太阳能的回水和洗菜、淘米的水，空调的冷却水和洗衣机排出的水也引入卫生间回收利用。如果不洗床单等大件的东西，基本不用洗衣机洗，甩干的时候都使用漂洗程序里的甩干。王安志夫妇算了一下，他们家每年共节约 60 多吨自来水，节电 1000 多度，如果每个家庭都能节水节电，全国每年节约的水电就更惊人。

不浪费一滴水是王安志的另一个好习惯，他家里的水都实现了循环使用。王安志家厨房里总是放着几个装有回收水的桶，这是专门用来收集洗菜水、淘米水的，在卫生间里也放着大桶，用来收集洗衣服产生的脏水，而阳台上则放着一些饮料瓶，用来装这些回收来的水。最抠门的是，王安志把空调的冷凝水也收集了起来。一般情况下，空调的冷凝水都是直接排到了户外，在王安志看来，这样很不节约。在安装空调的时候，王安志提出了回收冷凝水的想法，安装空调的师傅有些不解，他索性自己动手，在墙壁上打了个孔，把冷凝水管接到了卫生间，然后用桶把水收集起来。回收的这些水，王安志会用来冲厕所、浇花，达到二次使用的目的。

王安志的低碳生活被媒体报道后，他一下子成了明星，并先后被市、省里评为“低碳明星”，2011 年，他更是被全国妇联评为全国“低碳生活明星”。现在人们的生活条件好了，每家每户都不缺节约的这点水费和电费，但在王安志心中，低碳环保并不是抠门，而是一种时髦的生活理念，节约并不丑。王安志的家人也非常支持他，都跟着他做低碳达人。王安志当上全国“低碳生活明星”后，孙子和外孙女都特别高兴，他们以爷爷为榜样，孙子还在学校里给同学们宣传低碳生活，接过了爷爷的棒。

物尽其用，带队志愿者服务

物尽其用是延伸，王安志已经不满足节水、节电了。他平时喜欢上网，关注论坛，积极参加各种社区活动。他发现一方面有些居民生活好了，好多东西买了使用率并不高，或者使用的周期短，好多物品均被闲置。而另一方面，有些居民因为暂时需要，购买不到合适的物美价廉的生活品，王安志就通过论坛和 QQ，让供需双方联系，把这些物品通过合理的价格或以物易物的方式盘活，发挥物品应有的作用，让需求家庭降低花销，闲置家庭降低损失。

一人当明星还不够，要引领大家一起低碳才利国利民。王安志夫妇经常义务给中小学校的学生、当地大学生和社区居民讲解低碳环保知识。在中小学生开学时，夫妇俩向市教育系统发出了低碳开学的倡议书，号召全市中小学生开学的时候，尽量使用书画纸、挂历纸包书皮，少用或不用塑料书皮。王安志还通过各种媒体向全市宣讲低碳环保知识，引导市民参与节能环保活动。2014 年 10 月他成为荆门市最美家庭宣讲团成员，经常到各社区宣传低碳、环保理念，受到了许多社区居民、企业和市领导的好评。

现在，邻居们也被王安志影响，他们不满足于换个节能灯泡了，很多居民都开始利用回收来的水浇花冲厕所。在社区的支持下，王安志还带出了一支低碳志愿者服务队。而王安志则做起了义务宣传员，除了在荆门石化社区给居民们传播低碳环保理念外，他走到哪宣传到哪，用实际行动支持低碳环保。

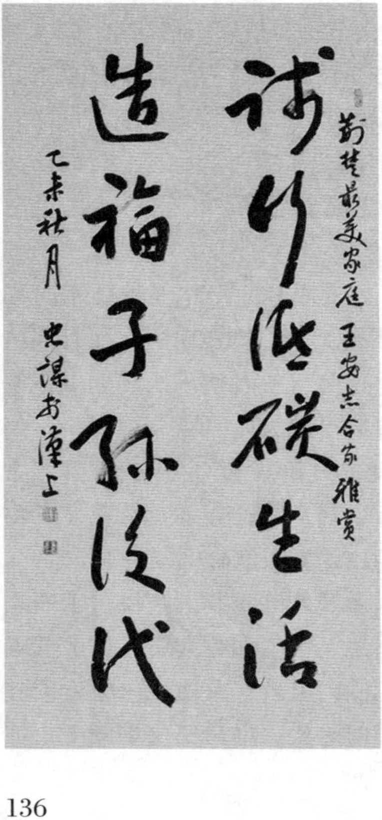

瞿忠谋书法作品

襄阳　沈建军

背着两个儿子去寻梦

沈建军家有两个肢体重度残疾的儿子。26年来，为了给他们治病，沈建军独自背着两个孩子到武汉、石家庄、北京、沈阳等地医治，他每次把行李挂在脖子上，先背一个，再返回背另一个。儿子沈小勇说："印象最深的就是冬天外出求医时，爸爸满头大汗，我趴在爸爸的背上，可以听到他咚咚的心跳声，他一步一步地向前走着、走着……"正是沈建军夫妇两人的"不抛弃、不放弃"的大爱和责任，让这两个被医生预言活不过20岁的男孩，现已乐观幸福地度过了27岁生日，并拥有了自己的事业——创建了自己的音乐网站。兄弟两个哥哥写词、弟弟谱曲，创作了歌曲《中国梦》。

幸福家庭，俩儿子患上不治之症

20多年前，家住在湖北省枣阳市七方镇的普通农民沈建军完成了他人生的大事，结婚生子。当他抱着妻子给他诞下的第一个白胖胖的儿子时，沈建军满脸是幸福。自从有了儿子，沈建军就有了使不完的劲儿，他种完自家的九亩地，农闲时又跑到城里去打零工，每天忙得手脚不识闲，总不肯让自己闲下来。他想有儿子了，一定要多赚些钱，让儿子以后能生活得更好一些。沈建军是个快乐的人，高兴时喜欢哼个小曲儿。因为日子有了奔头，沈建军干活时常常忍不住对着田野尽情地吼上几嗓子，他的歌声带着泥土的芳香，带着风吹稻黍扬花的清香，带着庄稼汉肆意洋溢的激情在田野上弥漫着。

日子像四季的庄稼，绿了黄了收了。儿子学会笑了，学会爬了，学会走了……但沈建军渐渐地发现儿子跟别的孩子有点不同，他走路的姿势总是踉踉跄跄的，像随时要摔倒一样。沈建军有些担忧，便跟妻子商量，一起带孩子到医院去瞧瞧。医生检查后也没看出有什么大毛病。两年后，沈建军第二个孩子又出生了，又是一个白胖胖的漂亮小子。但随着小儿子一天天长大，很快又呈现出与大儿子同样的症状。沈建军带着儿子到武汉、北京做了染色体、DNA各种检查，最后确诊为痉挛性截瘫。

求医问路，夫妻俩倾尽全力

从儿子们几岁起，沈建军就带着他们走上了四处求医的道路。因为家里有个 90 岁的老母亲需要照顾，妻子不能同行，只能由沈建军一人带着两个残疾孩子出行。每次出门前，妻子把包袱挂在沈建军的脖子上，然后由他背着儿子们走。每到火车站，沈建军总是先把孩子们在候车室安置好，然后跑到列车长或车站主任面前说好话，让他们排在前面，提前检票进站。进站时，他脖子上挂着行李，先背起一个儿子小跑着进到站台，然后再一溜小跑地回到候车室去接另一个孩子。大车站的站台多，涵洞长，有时，他背着儿子来来回回要跑几百米；大车站的天桥很高很陡，他背着儿子一趟趟地爬上爬下，因为长期受累，缺乏营养，他常常累得腿肿头晕。儿子伏在沈建军宽厚的背上，分明感受到父亲那急促的呼吸声和剧烈的心跳声，他们知道父亲的肚子里是空空的，脚下的鞋是烂的，但父亲的脚步是那么坚定，目光里充满希望。

在车站的站台上，许多人用怜悯的目光看着沈建军在站台上跑来跑去，背完一个残疾儿子又背来一个残疾儿子的父亲。车上有人悄悄地拉了拉沈建军说，老乡，把这俩孩子扔了吧，他们是你一辈子的累赘。那人指着自己的儿子小声说："我这个儿子是豁嘴，我都想扔了……"沈建军憨憨地一笑，摇着头说："儿子是我的心头肉，我舍不得。"

这些年沈建军为给儿子治病，跑过不少地方，花光了家里所有的积蓄，还借了不少外债，甚至还被人骗过；这些年他们外出看病从来没有住过店，夜晚都是在医院的候诊大厅和火车站的候车厅度过的。他们一个钱掰两半花，吃的是从家里带来的5角钱一袋的方便面，喝的是车站、医院供应的免费水。自从儿子生病，他和妻子没添过一件衣裳，穿的鞋和衣服都是亲戚们淘汰的旧的。生活的煎熬，让才40多岁的沈建军脸上刻下了深深的皱纹，腰也有些弯了，白发早生……可沈建军不管再难再苦，从没有在孩子面前流露过，面对儿子，他永远是一副乐观、开朗、笑容满面的父亲。父亲的笑容给了儿子们决不向命运妥协的力量。

每次他们三人出门都怀着无限美好的憧憬，但在医院得到的都是让人绝望的答案。有位医生叹着气对沈建军说，你也别浪费钱了，这病没法治，这俩孩子活不过20岁，回去以后注意别让他俩感冒发烧，如果发烧，会造成内脏衰竭，那就完了。沈建军听完医生的话，背着儿子痛哭一场，然后抹干眼泪，面对儿子仍然是那个面带微笑、慈祥开朗的父亲。

为了减少对孩子们的打击，沈建军决定不再跑出去四处求医了。但他只要打听到有偏方，他一定会去试试。这些年来，他前后买的中药和西药就能拉上一大车。

儿子们一天天长大，而且状况越来越糟。到了十来岁时，兄弟俩竟不能自主走路了。沈建军只好忍痛削根竹竿给孩子们当拐棍拄，可竹竿太细了，拄几下就劈开了，孩子们重重地摔倒在地上，身上一块青一块紫的。沈建军见了心疼得五内俱焚，他背着孩子对天哭喊："我的娃儿为什么这么可怜！"

身残志坚，兄弟俩用音乐照亮生命

大儿子小勇是个品学兼优的孩子，他原想，自己的身体不行那就靠学习改变命运吧。他刻苦勤勉，成绩很好。小勇上到初三的时候，还是不得不辍学了。因为他的身体，生活根本无法自理，仅仅是同学们课间小嬉闹时碰到了他的身体，他便倒下了，摔得不省人事。退学的那天，小勇偷偷地哭了，他觉得自己的人生前途是那么黯淡。过了不久小儿子小恒也不得不退学了，他的病更严重，有天上晚自习，他是含着眼泪爬上楼梯的……

孩子们辍学后，沈建军看到两个孩子整天呆呆地坐在家里，眼神茫然地看着窗外，很少说话。他便跟妻子商量，找亲戚们借了点钱，在家里开了个小卖铺，想让孩子们有点事做做，或许会好些。有天，沈建军的姐姐来看外甥，给他们带来了一台收音机，让他们兄弟俩听听歌，排遣排遣寂寞。小勇和小恒都有点像沈建军，有点艺术细胞，喜欢唱歌。有人说，音乐是治愈痛苦的良药。每当兄弟俩趴在桌前听歌，这是他俩最快乐的时候。

渐渐地，哥俩对音乐产生了浓厚的兴趣，他们学着写歌词，后来又开始啃乐理书，自学乐理知识，试着学编曲、作曲。没有纸，他们把练习曲记在废弃的烟盒上，十年来他们在烟盒纸上创作了几百首歌曲，积攒了厚厚的一摞。

2009 年几个姑姑凑钱给兄弟俩买了台电脑，网络把兄弟俩的音乐梦彻底打开了。哥俩如饥似渴地徜徉在音乐的世界里，哥哥小勇主攻音乐制作、视屏剪辑、音乐推广、MTV 制作等，弟弟小恒做音乐网站、APP 开发。2013 年春，他们创建了自己的音乐网站——“枣阳市恒恒音乐网站”，并由弟弟小恒来管理，目前已有六千多名会员。

几年来，他们为社会各界创作了 300 多首歌曲。2012 年他们创作的乐曲《金蛇狂舞》被选做枣阳市电视台春节联欢晚会的开幕曲；

2013 年沈小勇原创歌曲《我们已长大》荣获襄阳市第二届文化艺术节三等奖；2013 年 10 月他俩的原创词曲《中国梦》作为“中国梦音乐情——全国优秀原创词曲精选”出版，2014 年 4 月又获得二等奖……

2014 年在当地政府的扶持下，他俩成立了“云星文化传媒公司”，主要从事音乐制作、音乐推广以及婚庆服务等业务。

心怀大爱，兄弟俩热心公益

沈建军一家的生活还是很艰难，家里的主要收入靠沈建军种的九亩薄田和母亲在家开的小卖铺。本来他们每天需要服一种叫巴氯芬的药，可是因为药费太贵，他们只能找别的便宜药来做替代药。尽管如此，他俩还是热心公益事业。2013 年哥哥沈小勇在一次歌咏比赛中获得了一等奖，他立刻把奖金捐给了留守儿童；2014 年沈小勇又获得了 2500 元的奖金，他又加上 1000 元全部捐给了市慈善组织。沈小勇说：“留守儿童很可怜，我们还有父母照顾，可他们的父母长期不在身边。他们是祖国的未来和希望。”

在父亲沈建军的影响下，两个孩子都积极乐观向上。他们说，他们现在很忙，要做的事很多，没有时间去胡思乱想，更没有时间去悲哀、痛苦、难过。兄弟俩给自己的座右铭是“勇于开创，持之以恒”。他俩有个梦想，成立一个残疾人的团队，去帮助更多的残疾人创业，为社会、为家庭减少负担。

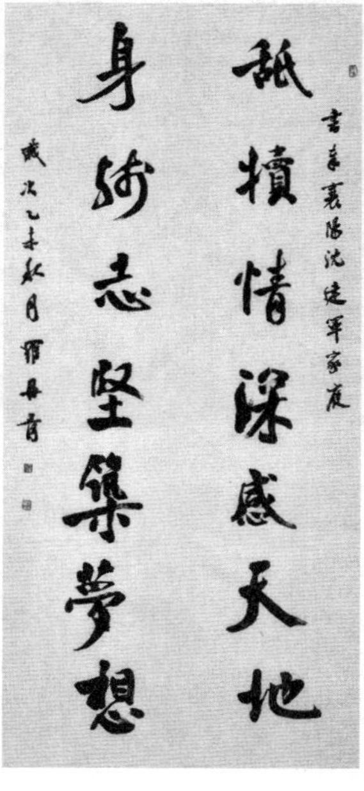

罗丹青书法作品

蔡映红　摄

沈小勇在自己创作的歌曲《小小的力量　大大的梦想》中写到：

人生中都曾跌跌撞撞
面对现实只能挺起胸膛
胸怀中满溢着幸福的坚强
创造希望一起分享
……

这是一个不幸的家庭，上有90岁的高堂，下有两个残疾的儿子。当灾难来临时，沈建军用他如山的脊梁撑起了这个家，尽管他很苦很难，但他从没有退缩。沈建军用父爱传递着人间的亲情，为两个儿子点亮了一盏灯。这个家庭虽然艰辛困苦，但从不缺乏爱，他们彼此温暖，相互扶持，用坚持和希望相互鼓舞，唱出了一曲清贫乐的乐章。

武汉　余洪芝

志愿者乐于奉献

武汉市有个全国闻名的社区，叫百步亭社区。它是荣获首届“中国人居环境范例奖”唯一的社区。走进百步亭，你会看到一个生态环境优美、治安秩序良好、人际关系和谐、社会风气文明的新型社区，它成为了中国和谐社会的一个缩影，也成为了展示武汉人文风貌的一个窗口，曾受到中央有关部门及各级政府的高度评价。

百步亭社区有个最大亮点，就是它的志愿者队伍。在这个12万人居住的社区里竟有三成是社区志愿者，在这块神奇的土地上，人人争当志愿者，把爱心像星火燎原般播种到社区的每一个角落。

孝敬老人，志愿者精神不退休

在百步亭安居苑有一位资深的志愿者叫余洪芝，她一家五口人老少三代同堂，十几年如一日热心社区公益事业。提起余洪芝，小区的老人无不伸出大拇指来说，她是个大好人。余洪芝是个老党员，退休前曾是一家医药进出口公司药材厂的副厂长兼工会主席。在单位职工眼里，余洪芝是个为人正直、做事有魄力、群众威信很高的领导。2002 年余洪芝刚搬进百步亭社区，就有志愿者上门找她，余洪芝一听是为社区居民服务，立刻一拍即合。她爽快地说：

傅平　摄

“我是个老党员，人退休了，奉献精神不能退休。”

很快，余洪芝当上了社区居委会的支部委员、楼栋长。上任伊始，余洪芝就把小区里的情况摸了遍，他们小区 746 户人中，空巢老人 13 户，残疾人 4 户，重症病人 7 人……余洪芝把这些情况记在笔记本上，并带领志愿者定期上门走访，了解他们的生活情况，帮助他们解决实际困难。走访中，她们听到小区有些老人说，菜场有点远，买菜不太方便。余洪芝立即和社区志愿者一起商量，成立了一个蔬菜代买小分队。为了让老人们吃上便宜菜，志愿者们每天早上 6 点钟骑着三轮车赶到十公里以外的蔬菜批发市场去进菜。武汉的冬季湿冷湿冷的，余洪芝和志愿者们骑着装满蔬菜的三轮车，常常累得满头大汗，衣服都湿透了。当他们远远看到，苑区大门口站着的那些翘首盼望的老人们时，那些辛苦瞬间变成了一种特别的快乐。

老人们欣喜地挑选自己需要的新鲜蔬菜，有细心的老人把志愿者卖的蔬菜跟自由市场的蔬菜做了比价，不但新鲜，而且每种菜每公斤至少要便宜一元钱。如此算来，老人们每天可以节约几元钱，一月下来就能省不少钱。可这些每天劳神费力的志愿者，却根本不赚一分钱。有的老人拉着余洪芝的手感激地说："你们志愿者可真实在!"

安居苑有不少老人，余洪芝牵头成立了"贴心关爱服务队"。她和40多名志愿者与24名空巢老人、高龄老人、残疾人结成对子，把关爱老人做到制度化、常态化。这些志愿者知道老人们平时有什么病、吃什么药，甚至连他们对什么药物过敏都知道。老人们怕寂寞，余洪芝和贴心关爱队的志愿者们经常上门看望老人，逢年过节还给他们送礼物。一月过年她们就给老人送糕点；三月学雷锋时，她们给老人们包饺子；五月端午节时，她们给老人送盐蛋、粽子；三伏天，她们给老人送绿豆；中秋重阳节，她们给老人送月饼、包饺子；到了寒冬腊月，她们还怕老人们买菜不方便，又给他们送鸡蛋，送白菜。每位空巢老人过生日时，余洪芝都会亲手做好长寿面端到老人家里。社区有位90高龄的老新四军战士因病住院，余洪芝把长寿面送到医院里，老人吃着长寿面激动得泪流满面。医院里其他病人看到后羡慕地说："还有这么好的小区？我们怎么没有遇到。"有位96岁高龄的老人跟着女儿住进余洪芝所在的苑区，每年余洪芝和志愿者们都去她家看望她，给她送慰问礼品。后来老人跑到自己原住的居委会说："我90多岁了，住在这里几十年，你们从来没有来看望过我。我搬到百步亭，马上有人来看我，还给我送慰问品。"那里的居委会干部回答说："我们没有这个经费呀!"

奉献爱心，对金钱不计较

说到经费，不得不提起余洪芝的另一件事。这些年来，余洪芝先后多次被评为优秀共产党员、武汉市荣誉市民、百步亭功勋居民、省市优秀志愿者、五好家庭、道德模范等荣誉称号，家里光证书就有两大捆。但发给她的奖金她一分钱都没往家拿过，全部放到社区的基金会里，用于苑区慰问活动的开支。有时基金会的钱不够了，她和志愿者们再分摊，她总是出大头。这些年来，余洪芝投入到基金会的钱有成千上万，她自己却没有数。她淡淡一笑说：“我这个人有两个不计较，一是奉献不计较；二是金钱不计较。”

张天弓书法作品

2014 年冬天，余洪芝去参加一个社区工作会议，在过人行道的时候，被一辆面包车撞飞了八米远。原来这个司机没有驾照，错把离合器当刹车踩了。余洪芝当时断了 6 根肋骨，送到医院抢救。后来医生说，幸亏冬天穿的衣服多，幸亏余洪芝长得胖，幸亏没摔到后脑勺……几个幸亏，让余洪芝保住了命。她住院期间，社区有一两百位居民来看望她，弄得医院以为这个胖老太太是个什么重要人物。余洪芝在医院仅仅住了两个星期就出院了。她说，一是社区工作忙，二是怕肇事司机多花钱，他才创业也不容易。肇事司机听到余洪芝被撞得那么重才住了两个星期就出院了，感动得泪流满面，他跪在余洪芝的面前，叫她妈妈。余洪芝半开玩笑地说：“有你这样的儿子吗？把老妈撞到医院里了。”对于母亲断了 6 根肋骨仅住了两个星期院的这件事，儿子有些看法，他指着自己的脑袋心疼地说：“我老妈这里有病！”余洪芝却呵呵地笑了。

余洪芝当干部出身，她有个记工作笔记的习惯，十几年来，她记了十大本工作日志，上面详细记录了这些年来，她们志愿者做的具体工作。

×年×月×日，门栋里9个志愿者都积极出来了，大家带着抹布、铲子、扫帚等工具，分头清除清理门前屋后的杂草、烟头、杂物和垃圾等，大家干得热火朝天，都为美化家园出一份力……

×年×月×日，今天早上5点起床，6点到现场洗菜、切菜、生炉子，16位志愿者来包饺子。到现场来吃饺子的老人有15名，关爱老人共22名，还有(老人的名字)几位未到，一会儿一家一户给他们送到家里去……

这十本日记曾被中组部借调到北京，做为中国社区志愿者工作研究的参考资料。中组部的领导还专程到余洪芝家去看望她，并握着她的手说："余洪芝，你辛苦了!"

以身作则，母慈儿孝顺

对于家庭，余洪芝如是说："家庭是社会的细胞，每个人都是

潘志宏　摄

从家庭里走出来的，所以我们首先要把家里搞好。”她的家庭是个其乐融融的三代五口的幸福之家。有人说天下最难处的关系是婆媳关系，可她对儿媳妇好得连女儿都嫉妒。余洪芝说：“对孩子们，大人要以身作则，多鼓励少批评。我们不是做婆婆，而是当婆婆。”中国人有句老话叫作母慈儿孝敬。儿子常说：“妈妈的品质是无私、公正的，只要她快乐，我们都快乐。”

受余洪芝的影响，他们全家都是志愿者，每逢余洪芝做长寿面、包饺子时，儿子、媳妇、女儿都来帮忙。一大家人择菜、洗菜、加工，做好后，又一家一家地送去；有时半夜小区里的老人突发疾病，给余洪芝打电话，儿子二话不说立刻起身穿衣开车，帮助把老人送到医院里；余洪芝的老伴是她的通信员，有什么跑腿的事，都是他跑前跑后。老伴半开玩笑地说：“没办法，年轻时余洪芝在厂里就是我的领导。”余洪芝总结说：“我们这个家庭的幸福，就是来自于奉献。”

余洪芝说：“我是个党员，党员要有信念，要和党中央保持一致。习主席的社会主义核心价值观说到我心里了，党员就是要讲奉献的。”有位领导曾半开玩笑地对她说：“余洪芝呀，你如果生在战争年代，一定是个抬担架、做军鞋、送公粮的支前模范。”余洪芝坚定地说：“那是的，共产党员的先进性是永远不能改变的！”

余洪芝说她的家风是：德、善、孝、爱、实这五个字。

鄂州　朱均阳

风火轮滑一家人

在鄂州的凤凰广场，我们时常会看到一个戴头盔的少女，她脚踩着滑轮像踏着风火轮一般，在凤凰广场的四周倏然而过，一位中年男子，在一边不时地指挥她。女孩的轮滑速度越来越快，像飞。

小女孩的轮滑终于停下来了，摘下头盔，少女笑容灿烂。小女孩有个帅气的名字叫朱泓傲，今年她才 14 岁。目前，她包揽了湖北省内轮滑比赛该组别的所有冠军，华东五省该组别的冠军，并在“2014 年丽水国际轮滑公开赛暨中国(丽水)速度轮滑公开赛”上，夺得女子甲组一万米积分淘汰赛的银牌，实现了湖北选手多年来在全国速度轮滑项目奖牌榜上零的突破。站在她身边那个指导她的男人就是她的父亲，叫朱均阳。

风雨同舟，助妻子圆学习梦

有时人生的幸运和不幸是接踵而来的。朱均阳 20 出头就当上鄂州肉联厂的团委书记，通过团委组织的活动结识了鄂钢高中的英语老师陈声再。朱均阳英俊刚毅，陈声再温婉善良，共同的理想和志趣让两颗年轻的心走到了一起。但是，在普通人看来，这段婚姻似乎有些不匹配。因为陈声再是大学本科毕业生，而且所在单位的经济效益很不错；而朱均阳不但没有陈声再的学历高，更重要的是朱均阳所在的单位已经是夕阳西下，前途堪忧。但两个年轻人却不顾非议，坚定地走到一起。

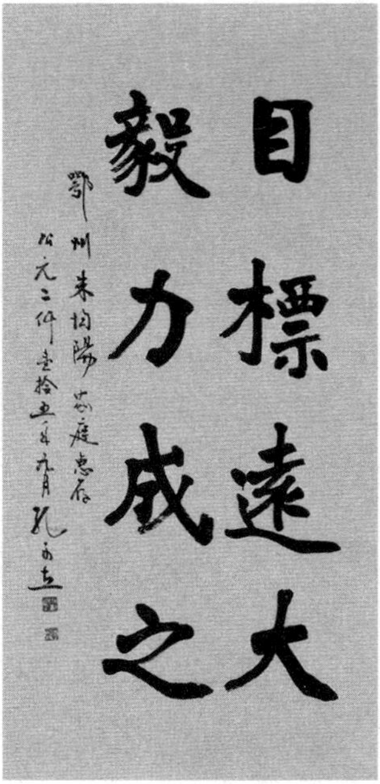

孔可立书法作品

2000年对于朱均阳家是个永远铭刻在心的年份。这一年女儿朱泓傲出生，与此同时，朱均阳所在的单位改制，所有人买断工龄下岗回家，这一年朱均阳刚满28岁，正是青春热血、一腔抱负的年龄。他的人生目标似乎在这一年黯淡下来。在家休产假的妻子听到这个消息后，人几乎傻了，她知道丈夫是个很有理想、一心想干出点名堂的人，她怕他挺不过来。

然而，刚毅的朱均阳却挺了过来，他说："这是国家的宏观政策，个人是无法改变的。"为了家庭，朱均阳远走广东，在一家外企打工。由于朱均阳的出色表现，他很快做到了高管，生活也有了一定的起色。这时，妻子打电话告诉他，她考上了华中师范大学外国语学院的教育硕士研究生。对于妻子考研究生这件事，事先妻子曾跟他商量过，朱均阳是非常赞成的。他知道考研一直是妻子的人生理想，如今妻子梦想成真，他一定要圆妻子的梦。于是，朱均阳咬了咬牙，将自己下岗买断工龄的8000元积蓄全部拿了出来，又把自己新买的手机也忍痛折价卖掉，筹足了学费，把妻子送进了学堂，而自己毅然辞职回家带孩子，当起了全职奶爸。白天朱均阳带着孩子玩，晚上陪孩子睡，吃喝拉撒一人全包，经济最困难时，他甚至去吹气球卖……当有人看到朱均阳一个大男人整天抱着孩子出出进进时，都笑话他说："朱均阳，陈声再考上了研究生你却做了奶爸，你们之间的差距越来越大了，你不怕她跑了吗？"朱均阳淡淡地笑了，他知道家庭稳定的秘诀不是取决于夫妻地位的悬殊与否，更重要的是彼此心灵的契合。朱均阳用淡看风云的胸怀来面对未来，同时心里也做好妻子一去不复返的准备，他想，如果是那样，他就祝她幸福。

三年来，朱均阳像棵梧桐树站立在原处，风雨如磐。三年后，妻子陈声再如金凤还巢般地又飞回了故里。要知道，她是当年同学中走出小城唯一一个又回到小城，回到丈夫身边的人。陈声再动情地说："每当我想起这些年他为我的付出，我就心里不是滋味，背叛家庭那还叫人吗？我做不出！我不要荣华富贵，我只要一个幸福的家。"在陈声再的眼里，丈夫是一个有原则、爱读书、爱学习的人。她常说，他读的书比我还多，综合能力比我强，一张文凭不能代表水平。朱均阳用自己的人格魅力征服着妻子的芳心。

发现天赋，培养女儿学轮滑

朱均阳与轮滑的缘分，是在女儿 3 岁时结下的。那时他常带女儿去文化宫玩耍，见有人玩轮滑，女儿很喜欢，朱均阳为了让女儿有个快乐的童年，就给她买了一个小轮滑。没想到，女儿对轮滑有着特殊的天赋，一穿上轮滑鞋，就像长在了脚上。四岁那年她就参加了武汉青少年宫举办的"快乐童年杯"少儿比赛，进步神速。看着女儿对轮滑由最初的喜欢到后来的酷爱，朱均阳决定好好培养女儿。为了方便女儿练轮滑，朱均阳把家里清得空荡荡的，他家除了床，几乎没有什么固定的家具。女儿可以踩着轮滑在家里的任何地方滑行。朱均阳的家住在七楼，女儿每次换好轮滑鞋，他背着女儿上下七楼，一背就是许多年，直到女儿长大。在朱泓傲心里，爸爸温暖的后背就是她学习轮滑的摇篮。

因为练轮滑，朱泓傲从小练就了吃苦、独立的个性。

从 11 岁起，朱泓傲就背着书包独自去各地参加比赛。她知道家庭条件不好，换轮滑装备需要不少钱，她想通过比赛来为自己赢得换装备的资金。再说父母也没有那么多时间，去陪她比赛，多一个人就要多不少差旅费。每次参加比赛前，朱泓傲总是郑重地给父亲写书面申请，说明为什么要参加这次比赛和想要达到的目的，并附上此次出去的预算，比如请教练费、食宿、交通费等，父亲审查后按预算拨钱。比赛回来后，她再写此次出去的总结和感受，再附上各种支出的发票，剩余的钱全部上缴。朱泓傲很节省，她知道父母赚钱不容易，平时她不乱花一分钱。有时母亲陈声再看了心疼，悄悄地再塞给她一点，陈声再说："人家都说要富养女儿，可我们的女儿却，唉……"陈声再的眼圈红了。

在朱泓傲眼里，爸爸是家里的顶梁柱，妈妈是家里的避风港湾，而她是父母的掌上明珠。每当她看到父母为一件事起争执时，她就会给他们写信，请他们慢慢沟通，并写出自己对这件事的看法。她定出了家规，贴在了墙上，比如，家里不要争吵，生活有不如意的地方，全家开会讨论，要注意家庭卫生，要节约能源，随手关灯、关水等十几条……一个 14 岁的女孩子，对家庭的责任感让

朱铁容　摄

人钦佩。

不惑之年，学习轮滑当教练

这是一个温馨而幸福的家庭，在丈夫的眼里，妻子是善良、朴实、真诚的人；在妻子眼里丈夫是个有原则、积极向上、爱读书的人；而在父母眼里女儿是个能吃苦、能坚持、相当省心的孩子。

为了和女儿一起成长进步，已 40 岁的朱均阳报名参加了湖北省轮滑专业的培训学习，并通过了湖北省社体中心的统一考试，拿到省社体中心颁发的“速度轮滑一级教练员、一级裁判员、社会体育一级指导员”等资格证书。如今的朱均阳成立了一个轮滑俱乐部，组织、推广全民健身活动。他所带领的鄂州市轮滑代表队，取得了全省团体总分第一、奖牌数第一、金牌数第一、全省唯一的最佳组织奖的好成绩。妻子陈声再在学校教高三英语是学校里的教学骨干。女儿朱泓傲，小小的年纪就崭露头角，是全国轮滑界的顶尖高手，她获得的奖牌和奖杯挂满了家里的一面墙。

这是一个平凡但不平淡的家庭，即使整个世界都变得浮躁，朱均阳家却是温馨而宁静的。朱均阳家用善良和诚信筑就了最美的家庭，让人的感情超脱了世俗，超越了金钱，超脱了虚荣。

朱均阳家的家训是：生命里最重要的事情是要有一个远大的目标，并借助才能与坚毅来实现它。

詹长久　摄

黄石　刘春羊

残疾儿童最温暖的家

刘春羊39岁，是劲牌公司提取调配车间一名普通的操作工，爱人陈华是一名包装车间班长，儿子刘广在东岳中学上初中，聪明懂事、勤奋好学，刘春羊63岁的母亲带着两名孤儿，和刘春羊一家住在老酒厂员工住宅区两室两厅的98平米的房子里。虽然他们住得相当拥挤却很温馨，他们遇事一起商量，共同面对和解决一个个难题，家庭和睦。他们家先后收养了5个特殊的孩子——先天性残疾、被抛弃的孤儿。他们用平凡人的善良诠释了家与爱的真谛。

大爱无疆，收养身患残疾小孤儿

刘春羊夫妇都是劲牌公司普通的生产线工人，微薄的收入不仅要供奉老人，还要给儿子的学习、生活开支。在这种生活并不宽裕的情况下，刘春羊一家决定再收养几个孩子，而且是这种身体严重缺陷需要频繁看病、做手术的“小麻烦们”。

2005年的秋天，一个偶然的缘故，刘春羊的母亲得知大冶福利院有个先天性偏瘫的孩子需要家庭收养，当时她便跟着介绍人来到福利院，当刘母看到护工手里那个孱弱、消瘦只有半岁的小家伙冲着自己笑的那一刻，她眼泪止不住地往下流，当即便对负责人说："这孩子我很喜欢，就让我把她带回去吧，我一定把她照顾得白白胖胖的。"孩子带回家了，可是问题和麻烦比原先想象的多得多：婴儿的头颈部过于松软，将她抱起时她的四肢下垂，简单的穿衣服，会因为孩子身体突然变得僵硬让人无所适从，别的小孩会抬头、会坐、会爬，她却总学不会。

当刘春羊和爱人被孩子的忽而烦躁、忽而激怒、忽而安静，弄得神经崩溃的时候，母亲却一句抱怨的话也没有，还给孩子取了个好听的名字叫"叶微"，希望小姑娘能够永远笑对生活。之后便是频繁地带孩子出入各个专科医院，给孩子做康复治疗。经过母亲的精心照料，小叶微终于学会了走路、跳跃、爬楼梯，还学会了用手抓东西，如果不仔细观察，甚至会以为她就是个正常的孩子。两年时间过去了，小家伙兴致好的时候已经会用模糊不清的声音叫刘春羊和爱人"爸爸"、"妈妈"了。刘春羊后来说，感觉那段时间的生活特别美好，令人怀念。孩子被福利院接走，夫妻俩的心似乎也空了，母亲也变得消瘦，总是念叨"不知道微微吃饭了没有"，"微微这个点该睡觉了"。

没想到一个月以后，母亲再次领回一个比微微更小、只有 3 个月的小娃娃，带这个孩子自然比带微微需要更多的时间和精力。每次出门碰到街坊邻居，母亲总是满脸幸福地逢人便称自己又多了个孙女，对她的照顾更是无微不至。

就这样，从 2005 年到现在的短短十年之间，刘春羊狭小的房子里先后迎来、送走了 5 个孩子。这十年的时间里，身边的人和事都在悄然发生变化，当初一起到公司上班的同事家换新房了，邻居家买新车了，发小自己开装修公司赚大钱了，劲牌公司销售额突破 75 亿了。但刘春羊家似乎还是老样子：两室两厅的房子里还是当初搬新家时的旧家具，夫妻俩人还是十年如一日地一起踩着单车上下班，家里还有一个患兔唇的孩子。只有刘春羊知道家里的难处：妻子陈华被诊断为系统性红斑狼疮；儿子刘广上体育课时，不小心将膝盖骨的半月板摔裂，手术治疗费用达 2 万元；乡下的房子该翻修了……但是他什么也没说，默默的坚持着。

如果说，当初将第一个孩子“微微”带回家是源于对母亲的尊重和成全，但随着老二、老三一直到现在老五的到来，则完全是刘春羊一家对母亲言传身教、耳濡目染的自主自发的善意行为。正如刘春羊的爱人所说，当孩子刚到家里来的时候，因为小孩随地大小便，将房子搞的臭哄哄，加上自己的肠胃本来就不好，看到这些总是心情很差，严重时甚至会呕吐，更令人难以忍受的是孩子们多数身体不好，夜里不停哭闹，严重影响第二天上班的精神状态。当被问到怎么现在又能和孩子们如母子般的亲密时，她只是低着头不好意思答道：“人心都是肉长的，况且看到婆婆一把年纪还这么辛苦，我们也于心不忍，能做多少就做多少吧。”

当劲牌公司工会听说刘春羊一家的事迹并上门探望时，正赶上刘母抱着“老五”叶梦童喂奶。小“童童”是个兔唇儿，半岁不到就

蔡映红　摄

被带回家，相比其他婴儿可平卧、侧卧以各种随意舒适的姿势喂奶，喂养小“童童”则完全是个技术活，奶嘴要放在婴儿嘴部无裂缝处，刘母只能以45度角抱位，防止奶水溢流或孩子呛咳发生危险。都说患难见真情，当即工会主席安排工作人员了解刘春羊一家生活、工作上的困难，以便适当给予帮扶，同时积极推荐他们参与劲牌公司“十佳和谐家庭”的评选。刘春羊所在车间在得知这种情况后，也主动提出可根据其需求调整上班班次，同事们也送来了孩子的衣服、奶瓶、水杯等。公司、领导、同事的关怀，给刘春羊一家注入了新的力量，让他们倍觉温暖，也坚定了要将慈善公益行动当成一份事业。

功夫不负有心人，在刘春羊一家的努力下，小“童童”已在武汉顺利接受兔唇修复手术，她已经能够顺利地进食了。

尊老爱幼、勤俭节约好家风

人生有最不能等的三件事：孝、爱和善，它们才是最幸福的源泉。刘春羊深深地懂得这个道理，也是亲自践行的。在对待长辈方面，他和爱人坚持友善地对待老人。平时对长辈嘘寒问暖，关心他们的生活起居。每次全家人一起吃饭时，他们夫妻二人总是把好吃的菜往父母碗里夹，让他们多吃点。上街时，刘春羊夫妇也会惦记着给老人添置新衣服、新鞋子。为了让老人们身体健康，他们经常会买些水果、钙片等营养品，让老人滋补身体。有空时，他带着孩子和父母一起散步、聊天，重大节日和父母一起度过。家里有些重活，他们都要自己干，不让老人累着。正因为如此，刘春羊的父母也同样关爱、体谅他们，尽心尽力地帮他们照顾好孩子。

刘春羊父亲去世后，刘春羊的爱人义无反顾地将婆婆接到家里，事无巨细，只要是母亲喜欢的，她总是想办法满足。婆媳问题普遍存在于三代同堂家庭，这个家却是例外。一家人一起生活的17年里，家人互相理解，从未红过脸闹过矛盾。平时他们尽量多做家务，减轻老人的负担，老人年老多病，一发现老人身体不舒服就及时请医拿药，问寒问暖。夫妻二人对老人的体贴孝顺，全被年幼的儿子记在心里。刘母因在家里做卫生不小心将腿扭伤，当时家里只有刘广在家，刘广背起奶奶就上医院，等办完入院手续，才通知还在厂里忙碌的爸爸妈妈。考虑到爸爸妈妈上班忙，刘广自告奋勇地担当起照顾小“童童”和给奶奶送饭的重任。刘春羊说，看到儿子的辛苦和忙碌，真心觉得儿子长大了、懂事了，也更能够深刻领会到母亲的良苦用心和榜样的力量。

刘母常说“一菜一饭，当思来之不易”，所以在母亲的影响下，他们生活上提倡节约，精打细算，用淘米水浇花，用洗衣水拖地，上下班踩单车。在他们的教育下，儿子刘广衣着朴素大方，从不大手大脚，养成了勤俭节约的好习惯。刘广逐渐对公益责任有了自己的理解和认识，去年暑假他还参加了社区的献爱心活动。

相濡以沫，夫妻难关共患难

当年刘春羊是包装车间的一名普通工人，他看到陈华第一眼时，就被她温柔、大方、贤淑所倾心，很快二人便组建了一个幸福的家庭。在这个家庭里，他们夫妻之间互敬互爱，两个人在不同环境生长，有不同的性格，不同的习惯，不同的爱好，所以在一起生活难免会有不适应，会有摩擦，这就需要彼此多点宽容，多点谦让，多点谅解，做事多从对方角度考虑一下。结婚 17 年，刘春羊夫妇在生活中相濡以沫，相敬相爱，从未红过脸，相互理解、互相支持，取长补短，遇到困惑相互开导、相互帮助，有困难共同面对，共同协商解决，成为人人羡慕的模范夫妻。

然而天有不测风云，2007 年妻子陈华被诊断为系统性红斑狼疮，以当时的经济状况，根本无法支付昂贵的治疗和医药费，陈华想到了放弃。刘春羊不同意，四处打听，带妻子频繁地往武汉各大医院跑，通过手术治疗，现在靠吃药维持，定期赴武汉冲激治疗，至今治疗费已花费十几万。2011 年，儿子刘广上体育课不小心将膝盖骨的半月板摔裂，需到武汉动手术，那时正值妻子陈华旧病复发，生活的担子一下全压到刘春羊身上。

在这段日子里，刘春羊每天早上准备好早饭和午饭去上班，晚上回家再做全家的晚饭，抽空还要去武汉探望爱人和儿子。每天晚上，不管多累，夫妻俩都要通电话，互相安慰鼓励，看到爱人和儿子的身体一天天好转，刘春羊心里甚是欣慰。刘春羊以一颗善解人意的心，吃苦耐劳的精神和爱家庭的责任，把他家安排得井井有条。

全心投入，重视孩子品德教育

教育孩子，要少说空洞的大道理，侧重于行为习惯的培养。在教育孩子方面，刘春羊要求孩子尊重老师、同学；在家中，教育孩子要尊重家长；在公共场所，要孩子自觉遵守公共道德，从小让孩子树立爱心和责任意识。刘春羊在平日的工作和生活中已经为孩子树立了良好的榜样，使刘广明白做人的道理，培养了爱心，使他明白一个人孝心和品德是最重要的。父母是孩子最好的老师，在这样的家庭熏陶下，儿子刘广善良、有担当的品德也渐渐显现，得到长辈们的赞扬和邻里间的好评。

张秀书法作品

刻苦钻研，工作业绩突出

刘春羊努力地工作，把自己的全部精力投入到工作中，把自己的事做好，和同事和睦相处，尽自己的所能去协助领导，这是刘春羊对待工作的态度。刘春羊先后在果露酒车间、劲牌酒厂包装车间、提取调配车间工作过，在提取调配车间工作期间，分别从事过提取、精滤、调配和陈酿等多岗位工作，是一名名副其实的岗位能手和“多面手”。每到一个岗位，他虚心学习，不断掌握技术知识和操作技能，而且吃苦耐劳，不怕脏，不怕累，他主动申请到车间环境最差的8#地下罐区工作，他这一待就是四年。他工作中总是勇于吃苦，乐于奉献，具有强烈的事业心和责任感。

刘春羊这个小家庭，在给予孩子们爱的过程中也接受和感受到了来自社会各界的爱，生活的磨难和考验只会让全家人的心贴的更近。2015年春节，刘春羊将5个孩子接回家一起吃了团圆饭，看到孩子们幸福的脸庞，刘春羊一家人感到前所未有的幸福在心中流淌，瞬间觉得一切都是值得的。刘春羊的家庭很普通，是无数个家庭的缩影。

宜昌　胡光琴

共圆致富梦

胡光琴夫妇从草根农民创业，数十年来他们相濡以沫，携手奋斗，赢得了事业的成功，他们的淳朴善良没有改变，对感情的忠贞没有改变。胡光琴、黄卫民夫妇致富不忘乡邻，他们发起成立园艺协会，辐射35个村2600多户，农户年平均增收3万多元。胡光琴夫妇创造的“协会带动农户”的农村经营模式，被省“三农”问题专家赞为新的历史条件下解决“三农”问题的好途径。他们热心公益，这几年共资助12名贫困大学生，捐赠款物20余万元。

穷则思变，勤劳终于致富

20世纪80年代初，住在百里洲上的一个俊秀姑娘叫胡光琴，她嫁给了邻村一个叫黄卫民的小伙子。胡光琴14岁时父亲就去世了，母亲带着他们姐弟四人艰难长大。等到胡光琴要出嫁时，母亲又因病去世了。为了照顾的弟妹，胡光琴只好把婚期推迟了一年。那时，胡光琴家真的很穷，后来每当听到那首忆苦思甜的歌“天上布满星，月牙亮晶晶……”时，胡光琴就想起了那段艰难的日子。嫁到夫家，仍是贫穷，因为丈夫黄卫民家所在的那个生产队的分值比胡光琴所在生产队的分值更低。那时候许多人都想发家致富，又怕被割资本主义的尾巴。

叶萍　摄

80 年代初，中国进入了改革开放的初期，穷则思变，胡光琴和丈夫一商量决定承包队里的 30 亩梨园，夫妻俩起早贪黑地在果园里忙碌，打理果树。百里洲是个藏龙卧虎的地方，黄卫民家隔壁有个老人早年毕业于华中农学院，后来被打成右派，他在自家的地里嫁接果树，嫁接树苗，有时也请黄卫民过去帮忙。黄卫民看到一株很小的树苗就有几角钱的收入，他心一动，自己也承包了一块苗圃基地。他一边虚心向老师学习嫁接技术，一边跑到山里去采集野果种子，很快便掌握了嫁接技术。

那时夫妻俩很拼很苦，他们常常拖着板车走 20 多公里的泥路去运树苗；春季，三天两头坐长途车到外地购买构棘秧回来嫁接；秋天岛上的沙梨熟了，胡光琴帮助收购商组织货源，12 吨重的大货车她每天领人装 5 车，每天睡不了几个小时，连客商都不得不佩服她的吃苦能干。那时她帮助装一车货，才有一二百元的收入……

天道酬勤，有次胡光琴他们卖完了几万株构棘苗后，第一次收到了一万多元的货款。因为收的都是零钞，最大票面是二十元，堆在面前好大一堆。夫妻俩呆呆地看着一大堆零钞感慨万千。黄卫民对胡光琴说："我以为赚一万元钱要一辈子的时间呢。"原来当年黄卫民在棉花站当临时工时，每月工资才 37 元。他曾半开玩笑地跟胡光琴说，他们要存一两万元钱得要一辈子。一年工资不到四百元，即使是不吃不喝，十年才能存四千元，存一两万元可不是得几十年。如今他们靠着自己的辛勤劳动终于当上了万元户。

在枝江，百里洲人素以敢干、有闯劲而著称。多少年来，居住在百里洲的人最大的愿望是能走出百里洲。毕竟百里洲只有上百里，而外面的世界更精彩。胡光琴是一个有梦想的女人，几年后，他们夫妇带着创业的梦想，走出百里洲来到枝江的滕家河村，在一块荒寂的土地上盖苗圃，专门从事苗木、花卉生意，开始二次创业。为了学习更专业的花卉技艺和先进的技术，夫妻俩商议，拿出积蓄让黄卫民到日本的东京都农业示范场去学习。黄卫民到了东京都农场后，如饥似渴地学习日本的园林技术，他常说自己是个农民，唯一的本事就是能吃苦。后来，日本的农场场长欣赏他，要挽留他，愿意给他每天几百元的工资。那时在国内，一个工人一个月才挣几百元。黄卫民婉拒了，他的心在枝江，在他那温馨的家里，在他未来的事业里。回国前，黄卫民把自己的衣物都扔了，把箱子腾出来装他在日本购置的专业工具和一大捆枝条。他压枝繁育出的日本紫薇，已经在枝江市的街头缤纷盛开，争奇斗艳。

夫唱妇随，夫妻比翼双飞

经过夫妻俩的勤奋努力，他们的事业像雪球一样越滚越大。他们注册成立宜昌卫民园林环境工程有限公司，专门承接城市绿化、美化工程；他们创办成立枝江市卫民苗木合作社，吸纳社员五百余人，让附近的苗木种植户，摆脱了旧的传统生产模式，走上了集约化发展共同富裕的道路；他们创办的家庭农场被评为“全国巾帼现代化农业科技示范基地”。目前在他们旗下有两个公司、一个家庭农场、一个专业合作社，资产过亿。2014 年胡光琴又有一个更大的手笔，她斥资几千万，兴建一座有二千多平米的枝江奇石馆，用于展销全国各地的奇石、盆景、花鸟虫草，集餐饮、住宿、休闲为一体，招来更多客商为枝江的经济发展服务……一个农民企业家能有如此大的魄力和襟怀，不禁让人肃然起敬。

事业成功的胡光琴衣着朴实，说话内敛，慎思明辨。她每日奔波在农场、苗圃、合作社，脚上沾着泥土，车上常年放着安全帽。她像穿上了红菱鞋，一刻也停不下来。她说，如果停下了，就会后退，还是忙着活得才有意义些。

家和兴业，富不忘本以助人为乐

胡光琴有一个温馨的家，她和丈夫青梅竹马，非常恩爱。在事业上他俩互相协作，相互帮衬，黄卫民主要负责施工，胡光琴则负责公司内部业务，比如签订合同，外联外勤，对外沟通等事宜。如果说丈夫像一座山支撑着这个企业的脊梁，而胡光琴则像灵魂左右着公司的发展和运作。多年的苦熬打拼，事业终于成功了。而人到中年的成功男人，似乎更有魅力了。有些女人不免起了觊觎之心。黄卫民却摆着手笑着说："撼大树容易，撼我的感情难，我这辈子只认一个人，胡光琴！"

徐本一书法作品

在黄卫民心里，胡光琴不但能吃苦耐劳，有魄力，而且善良。其实，善良是一个女人最大的魅力。当年，他们刚开始创业，年迈的公公就罹患癌症，卧床不起。胡光琴既当媳妇，又当女儿，伺候了老人一年多，最后为老人养老送终。公公去世后，婆婆的心情郁闷，常常坐在家里发呆。胡光琴知道婆婆闲不下来。于是，她在家辟了块菜园，种上菜，每天早上开车送老人到自由市场上卖菜，哄老人开心。

以前有个小孩叫罗祖伦才 15 岁，因为家里穷，从重庆的奉节投奔到百里洲的姐姐家。可姐姐家的条件也不好，无力供养他，便把他送到一个小作坊打零工。干了一年，除了管吃喝外，只给他开 300 元的报酬。胡光琴回百里洲时，听人说了这件事，她立刻动了恻隐之心。胡光琴从小也是苦孩子，她总记得母亲常对她说过的话，“人这辈子要多做好事，多做善事”。于是她把小罗带回自己的家，教他学习花木园艺技术，还送他到外地去培训，让他学会了一技之长。小罗长大成人后，他们夫妻俩又张罗给小罗成亲。如今的小罗已经成为助理园艺师，还当了爸爸，生活稳定美满。

陈尚萍　摄

胡光琴有一颗善良而火热的心，这些年无论是汶川地震，还是附近的农民受灾；无论是老家的修桥铺路，还是城区福利院的创办，胡光琴都慷慨解囊。五年来，她资助了12名困难大学生完成了学业。胡光琴创办卫民苗木合作社的初衷，就是想让附近从事苗木种植户们联合起来，共同富裕。

黄卫民和胡光琴一样，对底层的百姓有深厚的感情，黄卫民在路上看到有乞讨的人，就会给他们买吃的东西，或是掏钱给他们。他还为枝江的环卫工人订了200份报纸，让他们在休息之余，可以看一看，了解一下国内外发生的大事。

胡光琴有一个幸福的家，有一对让人羡慕的儿女。女儿大学毕业后到宜昌当了名教师，儿子胡雷大学毕业后到英国留学，毕业后回国跟着父母一起从事苗木花卉管理。小胡温文尔雅，彬彬有礼，颇有英伦风范，没有养成富二代的坏习性。小胡在国外学的是人力资源管理，黄卫民让儿子回国发展，就是想让他早点接班。因为儿子他们那一代毕竟是有文化，有知识的。如今的小胡跟着老爸，整天泥一身水一身地在施工现场忙碌。他知道，父母之所以能走到今天，全是他们付出比常人更多的辛勤劳动而来的。

在胡雷眼里，父亲是个严厉、有原则的人，他非常勤俭节约；而母亲是个特别能吃苦，又很善于与人沟通的人。胡雷说："父母在家，有时经常会为工作上的事争吵不休，但过不了一小时，俩人就像什么事都没发生过一样。"在儿子眼里，父母的争执只是他们夫妻感情的润滑剂，幸福的家庭是这样保鲜。

荆州　李　莎

公益在行走间践行

网上有这样一个公益活动，它的口号是“多背一公斤”，它倡导旅行者在乡村旅行的时候，将图书和文具带给乡村学校，并通过与孩子们的互动开阔他们的视野。“多背一公斤”迅速得到了广大城市白领的支持，成为国内知名的公益活动。

在美丽的古城荆州，有一个叫李莎的公务员，她和丈夫都是热爱旅行的人。这些年来，他们每次出行前，总是准备一些文具、书籍和自家小孩穿小的衣服，通过旅行带到贫困落后的山区和经济欠发达地区。四年来，他们旅行的脚步从东北的鸭绿江畔到黔东南布依古寨；从西藏的阿里边境到内蒙古的呼伦贝勒大草原。行程 3 万多公里，捐资助学数万元，她是一位名副其实的“多背一公斤”公益活动的践行者。

回乡省亲，萌发公益心

李莎是在城市中长大的姑娘，过去没去过农村，对贫穷的概念并不清晰。她做公益有个偶然的原因，十几年前她丈夫谢列昱曾在湖北省的监利县白螺镇挂职当副镇长。那是一个国家级的贫困镇，同样是在城市里长大的谢列昱，被当地的贫穷震惊。但是，那里的

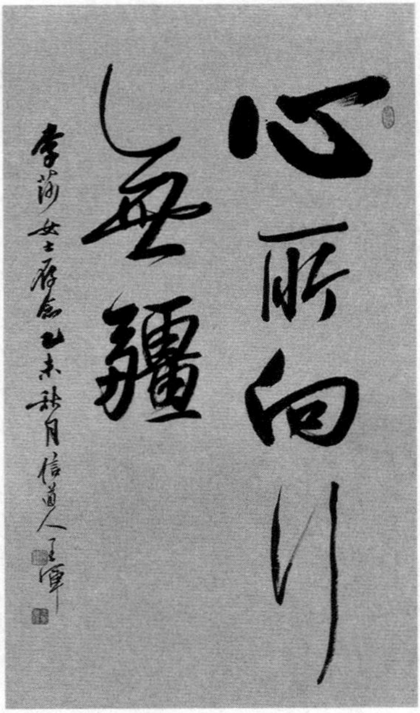

王军书法作品

老百姓却是非常的淳朴善良，他们把自己最好的屋给他们住，拿出最好的东西给他们吃……十几年过去了，这些往事刻在了谢列昱的脑海中，让他始终不能忘怀。挂职回来后，谢列昱学会了珍惜现在的生活，也考虑怎样去帮助别人；他变得勤俭节约，每次出去吃饭，一定会光盘行动。当然，一开始李莎是不以为然的，有时候，她甚至觉得丈夫做得有些过分。

离开白螺镇十年，谢列昱一直有个心愿，想再回去看看那些父老乡亲。

十年后的一天，谢列昱带着妻子和女儿驱车前往白螺镇。路上谢列昱看着熟悉的街道，痛心地对李莎说，除了修了公路外，几乎没有什么改变。他们来到谢列昱曾经居住的村支书的家，老支书的家儿子媳妇外出打工，除了给他留下一个小孙女外，其他的都没什么改变，还是土坯房，还是家徒四壁。老支书看到他们来了，还是那么热情，把他们舍不得吃的猪肉拿出来招待他们。李莎看到，老支书的小孙女眼睛怔怔地盯着她女儿手中的饮料瓶，那种渴望的眼神，重重地撞击着李莎的心。来之前，李莎原本是想跟着丈夫到农村看看田园风光的，什么也没准备。看到此景，她连忙跑到村里小卖部买了些零食送给小姑娘。

从白螺镇回来，李莎才知道什么叫贫困，小女孩渴望的眼神一直在她的脑海中浮现。第二次去白螺镇，李莎就有了准备，她特意买了些文具和书籍，又把女儿穿小的衣服整理洗净，带到老支书的家，给他的小孙女。

这就是李莎做公益的起因，白螺镇的经历让李莎知道，在这个世界上还有许多需要帮助的人。

做公益事，也不忘平等心

“最初也只是简单地喜欢旅行，和大多数人一样，带着家人开开眼界而已。真正想到做公益，是缘于一次贵州之行。”李莎说。

李莎跟丈夫谢列昱都是热爱旅行的人，每年休假他们都带女儿自驾游。后来，每次出游前，李莎就特意准备好一些书籍、文具、衣物给需要帮助的人。

最好的风景往往在人迹罕至的地方。有一次，他们驱车来到黔东南一个布依族古寨，参观一个原始造纸作坊。一位老人在石槽水边忙碌着，据说他就是布依族的造纸传承人。老人家很穷，房子里黑洞洞的，只有一个小窗户。已经是十月了，老人 3 岁的孙女上身穿着棉衣，光着脚踩在雨水里。老人叹着气说，小孙女的父母都去打工了。他们年纪大了，也管不了许多。李莎说：“当时这个小女孩一直盯着我女儿手上的棒棒糖，看了许久，我告诉了女儿，女儿当即就跟我们商量要把身上所有的零食给这个小妹妹。我和他爸爸当然是支持的。”李莎赶紧把带去的衣物送给小女孩，并跟他们承诺，回去后再给他们寄些需要的东西。老奶奶感激地捧来一大捧辣椒，非要送给李莎他们不可。“回家之后，每隔一段时间，我们就会买一些生活物品，或者将孩子穿小的衣服，洗得干干净净寄给他们，也算是尽我们的一点绵薄之力吧。”李莎说。直到现在，李莎仍跟这家布依族老人有联系，每学期都会给小女孩寄学习用品和衣物。这是李莎一家的第一次公益之行。

李莎觉得，做公益不应该有给人恩惠而居高临下之心，不要让别人觉得你在施舍，公益是互动的，要让别人有尊严地接受。有一次他们在贵州的布依族山寨，看到一个衣着破旧的布依族小女孩眼巴巴地望着他们，这次李莎没有简单地向她捐赠。他们在征得小女孩父母的同意和保证安全的前提下，特意“聘请”了这位 13 岁的女孩当向导。李莎觉得这样做，可以让孩子感到，自己是通过劳动获得的报酬，而让她有尊严地接受赠予。

在西藏拉萨的禄康宗角公园，李莎他们偶遇一个叫德吉曲珍的小女孩，曲珍的父母曾在湖北的西藏班读过书，现在都有不错的工作，曲珍的家庭环境比较好。但是曲珍却不了解西藏之外的地方。李莎就有意识地让女儿跟曲珍交流，让她知道中国除了西藏外，还有许多美丽的地方。通过两个小女孩的交流，既打开曲珍的视野，也让她感受到了祖国大家庭的温暖，增进了民族感情。直到现在，李莎一直保持跟曲珍家的联系，她经常给小曲珍寄些漂亮的文具和书籍。曲珍有个理想，长大后一定要到妈妈曾生活学习过的湖北来上学。

爱心无价，言传身教影响女儿

行走也许是最好的教科书，通过行走，对李莎 8 岁的女儿成长帮助最大。

当李莎一家驱车赶到可可西里索南瓦藏铃羊保护站时，草原上风雨交加。李莎他们被保护站艰苦恶劣的工作环境所震惊。女儿望着保护藏羚羊的图片，瞪着亮晶晶的眼睛问李莎：“妈妈，他们什么要宰杀藏铃羊?”“因为这种人为的、自然的困难都是我们不可想象的，也让我们深深知道了藏羚羊的可贵。”李莎说。在女儿纯洁的心里，她还不知道，有些人为了钱什么事情都可以干出来的。

在李莎他们为保护站捐献物资装备和资金之时，李莎意外地发现当时年仅 6 岁的女儿第一次没有找他们要钱捐款，而是在捐款箱里放了自己随身仅有的 10 元钱。“索南瓦保护站只是多了 10 元钱而已，而难得的是女儿多了一份自发环保和爱护动物的可贵意识。”李莎说，“以前都是我们告诉孩子要怎么做，只有当她有了这种经历与感触，才真正地知道自己应该怎么做。”

谢列昱说，对于女儿，他认为成长比输赢重要、兴趣比成绩重要、分享比获取重要。当年李莎和谢列昱的父母都反对他们带女儿出去旅行，他们说孩子太小，怕她受不了路途上的苦。但是他们夫妻俩坚持带女儿一起走。如今，女儿健康活泼，学会了帮助别人。

做公益是送人玫瑰，手留余香的事，李莎忘不了，有一次他们车陷大漠深处，是几个蒙古兄弟，二话不说跳下沙坑帮助他们抬车。让李莎感动的是，当车轮在沙坑中高速地旋转时，飞沙打在蒙古兄弟的脸上，他们却毫不在意，坚持帮他们把车从沙坑里抬出来。然后拍拍手上的沙子，挥手而去。李莎想，如果这个世界上的人，都能互相帮助，那是多么美好。

古人说“日行一善”，善念是一盏灯，可以照亮人心里的一丝黑暗，也可以照亮人生的路，让家庭更加和谐，让儿女健康成长。一公斤很轻，但它也很重，因为它传递着无价的爱心。这些年，李莎的公益行走在古城引起了强烈的反响，她影响了许多人，唤起了人们心底的善良和爱心。

蔡映红　摄

这是一个普通的最美家庭，李莎他们做的事是许多人都可以做到的事。他们让“多背一公斤”的公益理念，像火把一样亮起来，传承下去，这样可以让中国变得更美好。

孝感　王利杰

让阳光照进孩子的心灵

大女儿王妍婧出生时因难产而导致新生儿缺氧窒息，引起严重的后遗症——小儿脑瘫。在短暂的痛苦和迷惘后，王利杰夫妻俩决定带孩子走漫长艰难的康复之路，正是这种不轻言放弃和对生活的乐观执着的态度，他们用爱创造了一个又一个的奇迹。

王妍婧到了入学的年龄，王利杰和妻子作出了一个艰难的决定，让孩子上幼儿园。当时王妍婧不能握笔，笔在她痉挛的手上就是不听使唤，简单的横竖、撇捺都写不了。在咨询医生后，王利杰他们决定让孩子学弹琴，目的是通过反复的击键动作，做手指的康复训练，增加手指的力量和灵活度，缓解肌肉痉挛。小王妍婧刚开始琴键都按不响，最后弹成曲调，付出了很多人难以想象的努力。

晴天霹雳，新生女儿患重度脑瘫

新生婴儿的啼哭，是世界上最美的声音。但是，一位母亲，张红华却没听到女儿的第一声啼哭，因为女儿是难产，一出生就被送进了重症监护室。张红华是汉川市农商行的一名普通职员。

当年从医院抱回孩子，初为人母的张红华看着女儿总觉得跟别人的孩子不太一样，女儿浑身软塌塌的，像个肉孩。公婆安慰她

陈尚萍　摄

说，孩子还小，等再长长就好了。日子飞快地过了一百天，张红华夫妻带着女儿去照百日照，女儿却无法摆出同龄孩子的姿态。拍照的摄影师忍不住对他们俩说，你这个孩子有问题，赶紧带到医院去检查一下。

于是，夫妻俩赶紧抱着孩子跑到武汉儿童医院，检查结果给了他俩一个晴天霹雳，女儿是重度脑瘫。原来，由于女儿出生时难产而导致新生儿缺氧窒息，引发后遗症小儿脑瘫。张红华和王利杰抱着女儿欲哭无泪，他们怎么也想不到自己会摊上这样的厄运。医生告诉他们，女儿治疗的最好结果也就是可以坐起来。这时，有人劝张红华，你就让这个孩子自生自灭吧。

张红华却摇了摇头说："我既然生下这个孩子，就必须对她负责任。"夫妻俩做出了一个决定，就是倾家荡产也要给女儿治病，争取让她后半辈子能活得不那么艰难。

倾力救治，康复路漫漫

脑瘫的康复治疗费昂贵，每个月就需要花费一万元。而2003年时，张红华和王利杰的工资，每月不过2000元。为了给女儿治病，他们倾其所有，负债累累。张红华和王利杰都是汉川农商行的职工，农商行的领导在得知他们家的困难后，给予了一定的救助，并组织职工捐款，帮他们渡过难关。张红华夫妻俩都是单位的业务骨干，为了保证家庭的正常收入，他们在家做了分工，由孩子的爷爷奶奶陪着孙女儿去治病。从此，两个从没有出过远门老人陪着孙女，辗转在全国各地的脑瘫专科医院里治疗，每到一个地方，常常一住就是半年。

治疗的过程是痛苦的，水疗、药疗、按摩、针灸，王家不惜花钱，各种治疗方法都给女儿用上。当针灸师把一根根针扎在孩子的头上、手上、腿上时，孩子就会放声大哭。其实扎在孩子身上，痛在大人心上，往往是小孩哭，大人跟着一起流泪。值得欣慰的是，坚持治疗后的效果是明显的：孩子六个月时，痉挛的双手会握玩具了；一岁时能独坐一小会儿；两岁时能扶墙走一小段路；三岁时能独立行走，尽管她的平衡能力极差、步态畸形，但是终于能行走了，打破医生所说的终生卧床的断言。医生也不由感慨地说，正是你们这种不放弃、不抛弃的精神，才创造了孩子康复的奇迹。

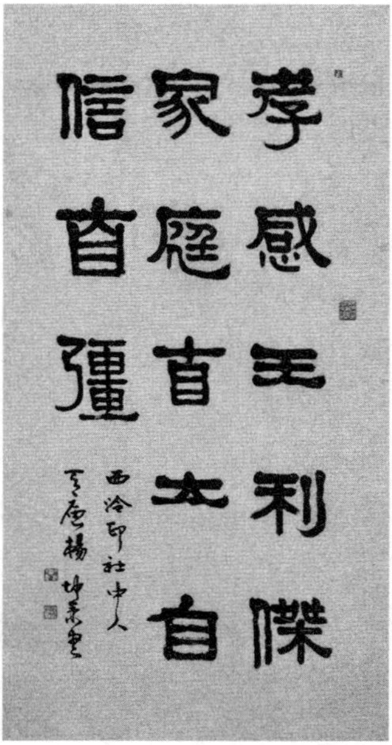

杨坤秉书法作品

女儿三岁的时候，张红华为了

不让女儿输到起跑线上，决定送她上普通幼儿园。可是，她辗转多家幼儿园，没有一家愿收。因为孩子的平衡能力差，走路是剪刀步，小朋友轻轻一碰就摔会倒，人家怕担责任。后来张红华是托熟人进了汉川人民医院的幼儿园。

一次张红华下班后到幼儿园去接女儿时，看到了一个凄楚的场景，全班的小朋友都在玩，只有女儿一人孤零零地缩在墙角处没人玩；还有一次，张红华看到，一个小男孩骑在女儿的身上……从幼儿园回来，女儿变得孤僻，不愿说话。看到这种情景，张红华的心在流血，她想，一定要让女儿学才艺，给她自信心。

齐心协力，全家人共同付出爱

从三岁开始，张红华决定让女儿学电子琴，这不但可以培养她的才艺，还可以锻炼她的手指，刺激大脑的发育。开始，女儿的手指关节是僵硬的，五个指头攥在一起分不开，无法弹琴。张红华就在她手指上贴上透明胶，一点点地分开手指练，简单的音符1、2、3、4、5、6……女儿就整整练了半年。为了陪女儿练琴，张红华自己也学会了电子琴。渐渐地，女儿的手指灵活起来，可以弹出完整的曲子，张红华清楚地记得，女儿弹的第一支曲子是《小天鹅进行曲》，她高兴地为女儿做了一套小天鹅的服装。

也许上帝为这个孩子关上一扇门，却又为她打开了另一扇窗，女儿的乐感很好。女儿弹奏电子琴水平突飞猛进，她六岁时参加武汉市少儿电子琴比赛就获得铜奖。十岁时，她达到电子琴十级水平了。

学习电子琴后，女儿性格开朗多了，接着张红华又为她报了英语、唱歌、播音主持等才艺班。张红华想，学习才艺能让女儿有个健全的人格、不自卑、性格开朗，长大后她可以立足于社会，不做社会的包袱。

女儿刚生下来时，他们给女儿起了个非常美丽的名字，叫王妍婧，意思是女儿长大后有才能且美好。王妍婧没有辜负父母的期望，在父母的悉心培养下，她非常优秀。这些年来，王妍婧曾荣获全国优秀特长生文化艺术周电子琴专业小学A组银奖；全国青少年声乐公开赛湖北赛区少儿组第一名；全国“未来之星”优秀特长生一等奖；全国青少年才艺展评，湖北赛区英语少儿A组金奖；孝感市青少年“中华魂”主题教育读书演讲一等奖、全省三等奖；汉川市三好学生……如今，王妍婧性格活泼开朗，自信心很强，在学校里是颗耀眼的明星。

当问到王妍婧的理想时，12岁的王妍婧会甜甜地一笑，歪着脑袋告诉你，长大了想当节目主持人，幼儿园老师……孩子的世界是瞬息多变的，她的成长却是健康、快乐的。

这是一个温馨的家，每一个家庭成员都有明确的分工，张红华负责辅导孩子们学习，爷爷负责接送孩子和家里的后勤，而爸爸在单位工作忙，辅助爷爷接送孩子。王妍婧在《我的家》中这样描绘家庭成员，我的妈妈像本百科全书，什么问题都知道；我的爸爸是胖子，他像指挥家，总是严格要求我们；而爷爷像个辛勤的小蜜蜂，整天在家里忙碌着……

走进张红华的家里，尽管他们家并不奢侈，却充满了情趣。客厅里、凉台上、花架上摆满了花盆和盆景；窗台上放着鱼缸，金鱼拖着长尾巴在水里悠闲地游曳着；凉台上挂着的鹩哥，在鸟笼子里饶舌地叫着“你好，你好——”；还有被拴在门外的贵宾犬，不甘寂寞地狺狺叫着……这一家人热爱生活，那些或悲或喜的经历，沉淀下来，更激发他们对生活的热爱。

2013年8月，王利杰夫妻带着王妍婧一起去爬恩施大峡谷，尽管王妍婧的腿不那么方便，但是在父母和其他人的轮流背负下，她终于成功地登上了顶峰。当王妍婧站在群山之巅望着绵延的高山，12岁的小女孩情不自禁地朗诵了她最喜欢的一首诗《在山的那边》：

小时候，我常伏在窗口痴想——

山那边是什么呢？
妈妈给我说过：海
哦，山那边是海吗？
于是，怀着一种隐秘的想望
有一天我终于爬上了那个山顶
可是，我却几乎是哭着回来了——
在山的那边，依然是山
山那边的山啊，铁青着脸
给我的幻想打了一个零分！
……
今天啊，我竟没想到
一颗从小飘来的种子
却在我的心中扎下了深根
是的，我曾一次又一次地失望过
当我爬上那一座座诱惑着我的山顶
但我又一次次鼓起信心向前走去
……

这是一个多么温馨的美好家庭，当厄运来临时，王利杰一家人用责任和坚持来沉稳地面对。他们的爱心和坚持，让一个病残的孩子终于翻越了一座座铁青的大山，站在山巅看到了辽阔的海，让她对未来充满信心。这是平凡的爱创造出的奇迹。

恩施　朱永翠

心系社会传温暖

“一个创业者成功与否，物质财富和个人荣誉只是一方面，社会责任才是真正的衡量标杆。”这是恩施鹤峰县金阳公司创始人朱永翠十年经营企业中始终践行的人生信条。

十年来，朱永翠从五名员工的家庭小作坊起步，成为享誉湖北、湖南、重庆等省市的农特企业；她从一名下岗女工，到带领数百户贫困户摆脱贫困，帮扶十多位困难学子继续学业，她走的每一步，靠的就是心系社会的公民责任。

三次下岗，苦心经营创财富

1982年，朱永翠高中毕业，被分配到鹤峰县邬阳乡粮食部门工作。1999年国有企业改制，年近40岁的朱永翠和丈夫双双下岗。下岗后，她和几个下岗职工靠赊、借、贷，组建粮食收储站，筹建酒厂、养猪厂和粮油批发门市部。他们做得有些起色时，他们接到上级通知，粮油企业必须彻底改完，他们再次下岗。2002年，她受聘出任容美收储公司副经理，好景不长，两年后，公司解体，她第三次遭遇下岗。

三次下岗，对朱永翠来说，打击太大。当时，她的儿子在武汉上大学，丈夫患有先天性心脏病，家中还有年近70岁的母亲，生

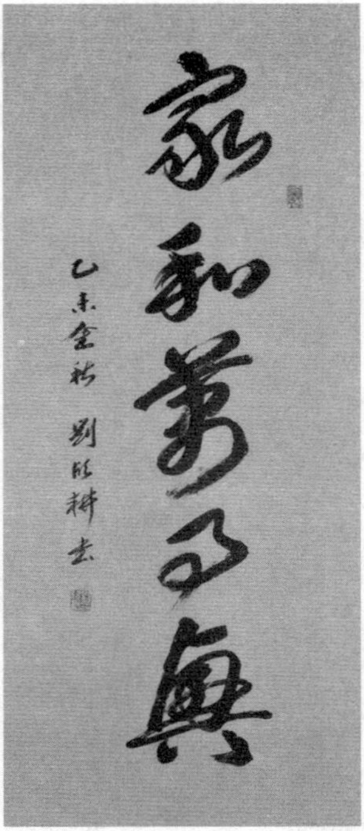

刘欣耕书法作品

活压力困扰着他们一家。

面对困窘，唯有从头再来。2005年，朱永翠深思熟虑后，征得家人同意，决定将家乡传统风味的小吃——邬阳豆豉，在研发方面闯出一番事业。

公司注册成立后，朱永翠白天走村串户，向精于豆豉制作的村妇虚心讨教加工细节，晚上回家潜心琢磨工艺配方。为了寻找销路，她长期奔波在省城和周边县城，一边找人代销，一边收集味道、包装、价格、颜色等方面的建议。“功夫不负有心人”，邬阳豆豉终于凭其独特的风味和优良的品质，赢得广大消费者的青睐。一年后，公司产品远销到了湖南、广州、武汉等省及大中城市。

为了保证原材料的品质，也带动乡亲们共同致富，2006 年，朱永翠在邬阳乡石龙寨村租赁土地 2 亩，办起玉米、黄豆套种的高产示范田，同时给周边农户提供种子、肥料、技术支持，与他们签订高出市场价 0.4 元的收购订单，建起第一个黄豆基地。

基地创办的第一年，朱永翠从公司纷繁的工作中挤出时间，和技术骨干一次次到基地现场指导间苗、施肥、除虫，开展黄豆丰产技术讲座，印发黄豆科学种植资料……当年，基地丰收，每亩仅黄豆收入就达 900 余元。第二年，邬阳乡三元村、高峰村相继建起黄豆生产基地，到 2007 年，基地面积扩展到二个县五个乡 3000 多亩。

黄豆丰收，豆豉必须一路畅销。为避免“豆贱伤农”，朱永翠在兼顾基地建设的同时，致力改进工艺和配方，增加产品科技含量，开发邬阳豆豉子产品。2006 年冬，腊肉豆豉成功研制；2007 年秋，榨辣椒亮相市场；2008 年，野蜂蛹端上寻常百姓餐桌；2010 年，“鑫丰牌”绿茶走出大山……公司规模如滚雪球般迅速壮大，2015 年，公司年销售额突破 3000 万元，公司被评为“州级农产品龙头企业”，朱永翠先后被全国妇联表彰为“双学双比”女能手、“全国农村科普带头人”、“全国创业之星”。

予人玫瑰，助人致富幸福源

予人玫瑰，手有余香。在漫长的创业过程中，朱永翠始终在坚守、奉献。在日常生活中，朱永翠始终秉持着“哪有困难帮哪里”的理念，一直默默为有困难之人提供无私的帮助，深信“大家好才是真的好”。为帮助村民致富，朱永翠的公司配套成立了鹤峰县金鹤农产品专业合作社，用“公司+基地+专业合作社”的经营模式，先后建立了黄豆、大蒜、辣椒基地。

在基地创建中，石龙寨村村民朱庭新家有两个残疾人，购买黄豆种子的钱都无法凑齐。朱永翠无偿给朱庭新家送去了能种 6 亩地的黄豆种，还找人帮他家整地、播种。黄豆苗破土后，朱永翠挤出时间，手把手指导他们施肥、间苗、除虫……当年秋天，朱庭新家的 6 亩黄豆收入 5000 多元，他们第一次看到了农业致富的希望。几年后，他家的房子翻新。

2014 年，高桥村一二组村民种植大蒜、黄豆，朱永翠为贫困农户免费赠送价值 2. 5 万元的大蒜种子，价值 3 万多元的黄豆种和农药。据不完全统计，近十年，朱永翠为贫困农户无偿提供种子、肥料，总价值达 50 多万元。

为困难农户提供资金和技术等方面的帮助，朱永翠一直在默默奉献。金鸡村九组村民张华堂家境贫寒，加之身体残疾，唯一可能改变家境的途径就是养殖生猪。2008 年春，朱永翠得知张华堂家的困难后，当即花钱买下几头大胚猪亲自送到他家。第二年，朱永翠又无偿给他家送去黄豆种子、肥料，帮助他家发展生产。邬阳村一组村民吴光兴及家人身体病弱，朱永翠为他家送去价值近 5000 元的大蒜种子和茶叶专用有机肥，鼓励、指导他种植大蒜，培植有机茶，通过自力更生，他家终于摆脱贫困。

近两年，朱永翠家还帮助了许多家庭贫困的学生。容美镇特困学生田卉的母亲患骨髓炎多年，父亲患白内障，家境贫寒，她随时可能辍学。2010 年，朱永翠主动上门，每年为她捐赠生活费 2000 元，资助她像其他的孩子一样快乐学习，健康成长。如今，田卉已毕业参加工作，一家人的生活得到根本性改善。邬阳村二组吴静学习成绩较好，但她的家境贫寒，朱永翠不仅每年给她捐助生活费 2000 元，还带领公司一班人帮助她家发展农业，脱贫致富。

邬阳村五组村民陈华返乡创业，朱永翠帮助他家建起 2 亩无性系良种茶园，1 亩多丰产板栗园。近两年，陈华家每年现金收入近 2 万元，一家三口的日子越过越红火。

“虽然我们付出了好多好多，可当看到他们幸福时，我们觉得幸福了，看到他们快乐时，我们觉得更快乐。”走过一路风雨的朱永翠说。

历经坎坷，家庭和谐惹人羡

公司的发展坎坷而艰难，家庭也有旦夕祸福。2008 年春，朱永翠不得不到恩施州中心医院做腹腔肿瘤手术。可她的儿子在校读书，丈夫因公司生产无法脱身，朱永翠只好孤身一人在中心医院接受手术治疗。手术需要家属签字，她没家属在医院签字，她就自己签字。在住院近一个月的时间里，朱永翠既要忍受手术后的疼痛和生活的不便，又惦记公司的生产和丈夫长期为病所累的身体，还要挂念 70 多岁婆婆的生活，这些对她来说，完全是一种难以忍受的煎熬。

在朱永翠住院期间，她的婆婆在烧开水时不慎把脚烫伤。可她的婆婆担心如果让朱永翠知道了，连累她记挂自己，而且朱永翠丈夫的身体为病所累，因而婆婆一直瞒着他们夫妻俩。婆婆用一些民间土方给自己治疗，等朱永翠出院后回家一看，婆婆的脚已严重溃烂。霎时间朱永翠一忍再忍的泪水无法控制了。

也是这一年，朱永翠丈夫的心脏病加重了。她丈夫面色灰黑，呼吸急促，二十几步楼梯要歇三四次才能爬完。因公司确实太忙，她丈夫咬牙坚持到 12 月底才到恩施州中心医院接受手术治疗。住院的一个多月，朱永翠的儿子日夜守候在病床前，扶上放下，端屎端尿，喂水喂饭。这时临近年底，公司需要处理的事情特别多，可谓千头万绪。朱永翠只好把家务事丢给年迈的婆婆，隔三差五往返于恩施和郧阳之间。朱永翠和她的家人共同品尝了生活酸甜苦辣，共同面对困难，一起感受了人间的真情和家庭的温暖。

2009 年朱永翠家迎来了新的春天，她儿子结婚，又添了个美丽、健康的孙女，现在是四世同堂。儿子、媳妇孝敬长辈，夫妻恩爱，朱永翠还获得了省市州各级文明家庭和恩施州“十佳好婆媳”的殊荣。

家庭美满幸福，公司发展壮大。“吃水不忘挖井人”，朱永翠常说：“我们的一切受益于社会，我们便要回馈社会。这些年我们家积极参与社会抗灾救灾、扶贫帮困、关爱女孩等公益活动，随时关注身边需要帮助的人，资助那些需要关爱的贫困学生，尽力为他们排忧解难，使他们和我们一样，让生活充满阳光。”

杨圃　摄

武汉　巴瑞林

言传身教润物无声

巴瑞林家是一个四世同堂的 11 口之家。在这个大家庭里，上慈下孝，老有所乐，少有所为，其乐融融。巴瑞林夫妇有三个儿子，人称“巴家三颗松，棵棵郁郁葱葱”。长子巴曙松，国务院发展研究中心研究员、博士生导师、中国银行业协会首席经济学家，享受国务院特殊津贴专家，先后出版了 30 本学术专著，曾担任过中共中央政治局集体学习主讲专家，最近又被选拔国家“十三五”规划编制委员会专家。次子巴劲松，中国银监会处长，中国社科院副研究员、经济学博士后，先后被南开大学、中国政法大学、东北大学聘用为兼职教授。三子巴祥松，银华基金公司部门执行总监，经济学硕士。

巴家“三颗松”之所以棵棵成才，是因为有良好的家庭教育。询问他们的教子方法，巴瑞林夫妇的总结很朴素。

疼爱孩子，理性且循循善诱

疼爱不仅仅是在生活上关怀备至，还包括对孩子的严格要求，不断对其灌输正能量，不护短，不娇惯，一旦发现孩子发生了有违社会公法的行为，不管多么细小轻微，都不能听之任之，更不能护短纵容，而要及时制止，正确引导。如一个儿子小学时同别的孩子

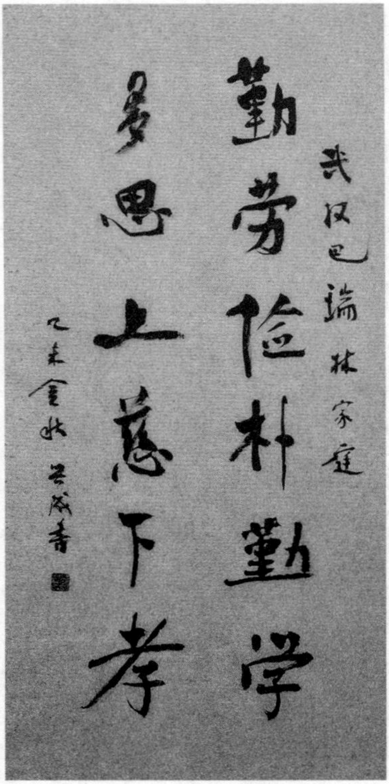

饶兴成书法作品

打架，尽管是别的孩子引起的，巴瑞林夫妇还是批评教育自己的孩子，讲打架的影响和坏处，循循善诱，教育儿子与人为善，同他人和睦相处。

大儿子巴曙松出生时，巴瑞林夫妇不过20来岁，即使三儿子巴祥松出生时，也不过三十来岁。那种家庭的重担，压在他们年轻的肩上，是多么不容易。南方夏天炎热，晚上常常是他们兄弟三人睡在客厅的大电扇下，父亲巴瑞林在旁边照顾着，半夜醒来还见他醒着看着他们。

一次，巴瑞林家一起去武汉中山公园游玩，在公园中的大石象上照相，因为这张相片的缘故，巴曙松一直对这次游玩留有印象，可不知道这张照片放在什么地方了。

巴曙松从初中的暑假开始，父亲巴瑞林就安排他到几个不同的地方打工，其中有榨油厂，有建筑工地，估计现在建筑工人的生活条件还是与他当时打工时差不多，当房子盖到五六层时，建筑工人们就在一二楼内简单搭个床铺休息。这些短暂却艰苦的锻炼经历，奠定了巴曙松坚韧的性格底色，也少了一直在书斋中的读书人身上的矫情。

多多鼓励，调动学习积极性

孩子的幼小心灵像幼小的树苗一样，只有精心呵护、扶持，才能茁壮成长，逐渐成才。巴瑞林觉得，对待孩子的学习成绩，切忌无止境地追求高分，一旦考了低分就严加指责，甚至打骂。要善于发现孩子在学习上的细微进步，一旦发现，要及时肯定、鼓励，这样孩子的学习积极性和学习热情就会越来越高。从小就培养孩子的学习热情和学习积极性，让孩子能受用一辈子。

巴曙松读高中时成绩还不错，但高考成绩不像预期的那么理想，其中一个重要的原因，多年来大概只有他自己知道。平时巴瑞林具体参与学习的时间并不多，高考期间他的关心就显得特别突出，晚上睡觉时，电风扇开着，才能稍稍缓解夏天的暑热，但是巴瑞林可能担心巴曙松睡着了一直吹电风扇会着凉，待他睡着后，悄悄进来把风扇关掉。巴曙松在关风扇之后，没多久就热醒了，然后他重新打开风扇，如此反复，高考那几天，他休息得很不好，白天考试时昏昏沉沉。二儿子巴劲松高考时，为了汲取这个教训，巴曙松专门赶回家陪考，考试期间不让其他人干扰他，考试时像平时一样顺其自然，放松心情。有时候，高考期间的关心体现出来的爱是笨拙的，可能效果是适得其反的，但是，这种行为体现的也是隐隐有些焦虑的父亲沉默的关切和温情。爱孩子，尽可能尝试以小孩子习惯的方式去关心他们，无论哪种方式，其实只是方式的差别而已，这种方式背后的温情，则是一致的，即使这种带有一些笨拙色彩的关爱。

长子巴曙松在读大学四年级时，想考研究生，但懂事的巴曙松知道父母的工资收入不高，既要赡养祖母，又要承担在读中学和小学的二弟和三弟的学习、生活费用，不敢擅自报考。他从华中科技大学写信(那时通信不发达，多为书信联系)回家，信中的“我与书结下了不解之缘”的话语，深深打动了巴瑞林夫妇，接信后的第二天，他们乘长途车赶到学校，支持巴曙松报考研究生。巴曙松不负父母厚望，以总分第一名的优异成绩，考取了发展经济学的一代宗师张培刚先生的硕士研究生，以后又以优异的成绩考取了中央财经大学博士、北京大学博士后。

和睦相处，营造良好家庭氛围

父母是孩子最好的老师，父母的言行举止，对孩子起着潜移默化的作用。巴瑞林夫妇对老人孝敬，对孩子关爱，两口子从不吵架，一家人历来和睦相处，生活在这样的家庭里的孩子，不会有家庭的烦心事，能静心学习。在孩子们读小学和中学时候，巴瑞林夫妇从来不打麻将，不因看电视影响孩子的学习。可以说，家里的一切活动都有利于孩子的学习。

不仅如此，巴瑞林还在力所能及的范围内辅导孩子的学习。巴瑞林夫妇经常检查孩子的作业，看到孩子们作业本上一次又一次的100分，他们心里乐滋滋的。但巴瑞林偶尔发现老师打了“√”号，判了100分的作业也有个别改错了的题目。巴瑞林就用一个专门的本子，用正确的方法将这题做一遍，孩子回家后叫他将这题重做一遍，然后再拿出自己的本子让孩子对照，孩子就知道自己在作业本上做错了。但孩子很诧异，为什么老师打了“√”号、判了100分呢？这时，巴瑞林会说：“这是老师对你的信任，认为你成绩好，不会做错题，并不是老师没有水平，而是没仔细地看你具体的解法。”巴瑞林不希望孩子对老师产生误解。同时，要求孩子从这些题目中汲取教训，但凡做题要细心，切勿粗枝大叶。

巴曙松从初中就开始住校，上大学后，每年的寒暑假他才有机会回家，独立性强，与家人交流的机会更少。巴曙松印象比较深的，是父亲给他剪脚趾甲。巴曙松坐在凳子上，父亲弯下腰来，给他细心地剪脚趾甲。已经成年的巴曙松，其实知道这没有什么必要，但是，他想，父亲巴瑞林可能是需要一个自己的表达方式，所

叶萍　摄

以也就默许了。温情的表达，也是需要一些形式的，就如同巴曙松出差时，常常与他的孩子约好，孩子站在窗前，巴曙松站在楼下，他们相互挥手微笑，再上车出发。

言传身教，润物细无声

父亲巴瑞林的影响，虽然沉默，往往是间接的，但是他更多的是通过自己的行为和选择，不经意中给孩子带来润物细无声的影响。

巴瑞林工作之后，又脱产参加考试，重新回到校园内学习几年，算是圆了他的大学梦。巴曙松当时还在读小学，在备考阶段，巴曙松曾经认真地同巴瑞林说："您既然想考，就要认真复习，争取考上。"在当时的环境下，这样的选择也是不容易的。巴瑞林这种对知识的尊重和追求，对孩子们而言可以说是身教大于言传，激励他们发奋向学。

肖玫　摄

在当时相当艰苦的生活条件下，巴瑞林夫妇坚持把三个孩子的学习放在首位，同样体现了这种对知识的尊重和耕读传家的传统。三个孩子的学习，在相当长时期内成为巴瑞林家的核心内容。巴瑞林和孩子们很少谈起这段生活，巴曙松的母亲后来同他说起这段时光，说当时也没有想太多，也没觉得有多苦，就是想着要多工作，多赚点钱，把这个家支撑下来，让孩子们顺利完成学业。等到最小的孩子读大学了，巴瑞林夫妇才算松了一口气。

巴瑞林的工作单位换过多次，每到一个单位，他总能很快适应并且从中找到乐趣，在很短的时间内，他就能熟悉这些新的专业领域。也许这些工作机构的转换对巴瑞林来说，更多的是被动适应和服从安排，能在不同环境中迅速适应下来，是一种十分重要的能力，同时也潜在地影响着孩子在不同的时期，根据自己的爱好和判断更换新的专业、新的工作机构和新的工作城市，并相对迅速地在新的环境下适应下来。

巴瑞林对巴曙松产生着深刻影响的，是他对普通人的尊重。巴曙松一直对所在单位的普通工作人员客客气气，分析问题时首先是换位思考，例如中秋将至，巴曙松会给他住所楼下的门卫送去月饼，上下班时有时间他也经常同他们聊聊天。

在巴瑞林身上，传承着中国传统的优良品质，如进取、坚韧、责任、奉献以及对孩子的不断学习的爱，他默默地支撑着一个家庭，付出最大的分量，他常常劳作在孩子嬉笑玩乐的视野之外，却始终在深刻地影响着他的孩子。